KB248660

튜 닝 박 사 시 리 즈 **1**

TUNING Dr.

튜닝박사 엔진편

High-tech engines

오 영 만 지음

추천사

국내 최초로 자동차 튜닝 전문 서적이 출판됨을 진심으로 축하합니다.

김경천

前) 국회의원
前) 김천과학대학교 총장

드디어 우리 모두의 염원이었던 튜닝 전문 서적이 출판된 것을 진심으로 축하합니다.

이봉우

前) 기아차동차 연구소 팀장
前) 카맨샵㈜ 대표이사

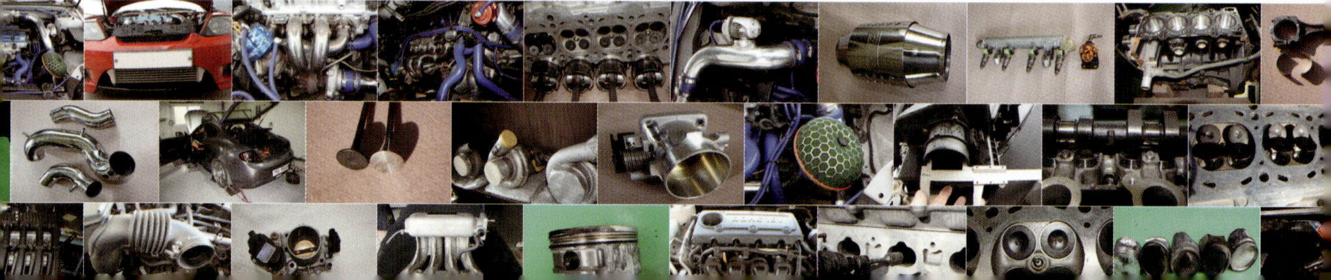

언젠가,
누군가는 해야 할 일을 일구어내셨습니다.
튜닝에 대한 자료가 전무한 상태에서 힘들고 어려운 일을 하셨습니다. 축하합니다.

김용문

前) 한국 자동차 경주협회 기술위원장
前) HKS 한국 대표이사

올바른
튜닝문화의 기준이 될 튜닝박사 집필을 진심으로 축하합니다.

김의수

소속_ CJ 레이싱팀
前) 2012년 한국 모터 스포츠 온로드 종합 챔피언
前) 2011년 티빙 슈퍼레이스 챔피언십 헬로 TV 클래스 우승

한국
최초의 튜닝 서적인 튜닝박사의 탄생을 진심으로 축하합니다.

윤영주

前) 2012년 한국 오프로드 종합챔피언
前) 2011년 한국 오프로드 종합챔피언

머리말

그동안 국내 자동차 산업의 발전과 아울러 우리의 소득 수준이 높아지면서 자동차 문화의 개념이 이동 수단에서 문화의 수단으로 바뀌어 레저스포츠나 취미 생활을 즐기는 것으로 변화되고 있다.

모터스포츠의 꽃으로 불리는 F1 그랑프리 세계 대회를 2010년부터 국내에서 개최함으로써 자동차를 매개로 한 참여 문화가 크게 확산되고 있다. 모터스포츠의 활성화는 자동차의 성능 향상을 위한 튜닝 문화의 활성화에 큰 역할을 하며, 자동차의 안전을 위한 기술 발전에 필요한 튜닝은 모터스포츠에서 필요불가결한 요소가 되었다.

그동안 국내 자동차 산업은 꾸준히 발전되어 왔으나 첨단기술이라 말할 수 있는 자동차 튜닝은 여러 가지 여건상 초보 단계를 벗어나지 못하고 있는 것이 국내 자동차 튜닝 문화의 현실이다.

안전하고 좋은 자동차를 완성하기 위해서는 무엇보다 성능과 내구성, 경량화, 디자인 등에서 많은 시간과 노력이 요구된다. 국내의 자동차 튜닝에 대한 연구와 자료가 미흡한 상태에서 이 책을 집필하는 과정에 많은 어려움이 있었다.

앞으로 이 책이 초석이 되어 미래가 요구하는 국내 자동차 튜닝 발전에 이바지할 계기가 되었으면 하는 바람으로 집필하게 되었다. 이 책이 완성되기까지 관심과 배려를 주신 자문위원회 님들과 사진촬영에 협조해 주신 김천과학대학교, ㈜퍼니부산 그리고 도서출판 골든벨의 김길현 사장님과 임직원 여러분께 진심으로 감사드린다.

오 영 만

차례

00

미리보는 엔진 튜닝룸

01

고성능의 엔진 튜닝

02

실린더 헤드 튜닝

03

실린더 헤드 흡기 및 배기 튜닝

04

실린더 헤드의 냉각 튜닝

05

캠축의 종류 및 튜닝

차례

06

과급기 시스템의 종류 및 튜닝

07

인터 쿨러의 종류 및 튜닝

차례

12

전기 및 ECU 튜닝

Appendix

사진으로 보는 튜닝 파트의 이모저모 ¹⁶⁸

튜닝 엔진룸 *tuning engine room*

01 NA 엔진룸 *Natural Absorption engine room*

02 350마력*ps* 국산 터보 차져 시스템 2000cc엔진룸 *turbo charger engine room*

03 마쯔다 RX-7 드래그 레이스 전용 튜닝카
Mazda RX-7 drag racing engine room
약 500마력*ps* 이상 튜닝이 가능한 1,300cc 로터리 엔진

04 전동기식 엔진룸*electric motor engine room*

양산 엔진룸量産 *engine room*

01 쉐보레 엔진룸*chevrolet engine room*
02 토요타 엔진룸*Toyota engine room*

9000rpm 이상 고속회전이 가능한 튜닝된 V텍 엔진**가변식 밸브 시스템**
자연흡기식이지만 사진에서 보이는 대형 에어클리너 케이스는 고성능임
을 짐작할 수 있게 한다.
03

04 벤츠 AMG 엔진룸 *Mercedes Benz AMG engine room*

Engine Tuning
고성능의 엔진 튜닝

1

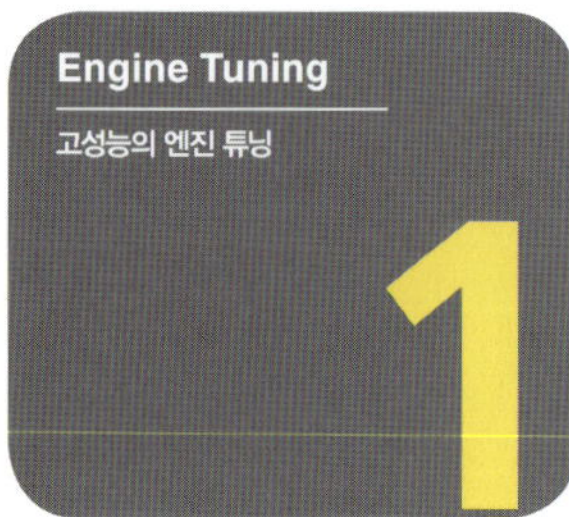

고성능의 엔진 튜닝

01 튜닝의 근원

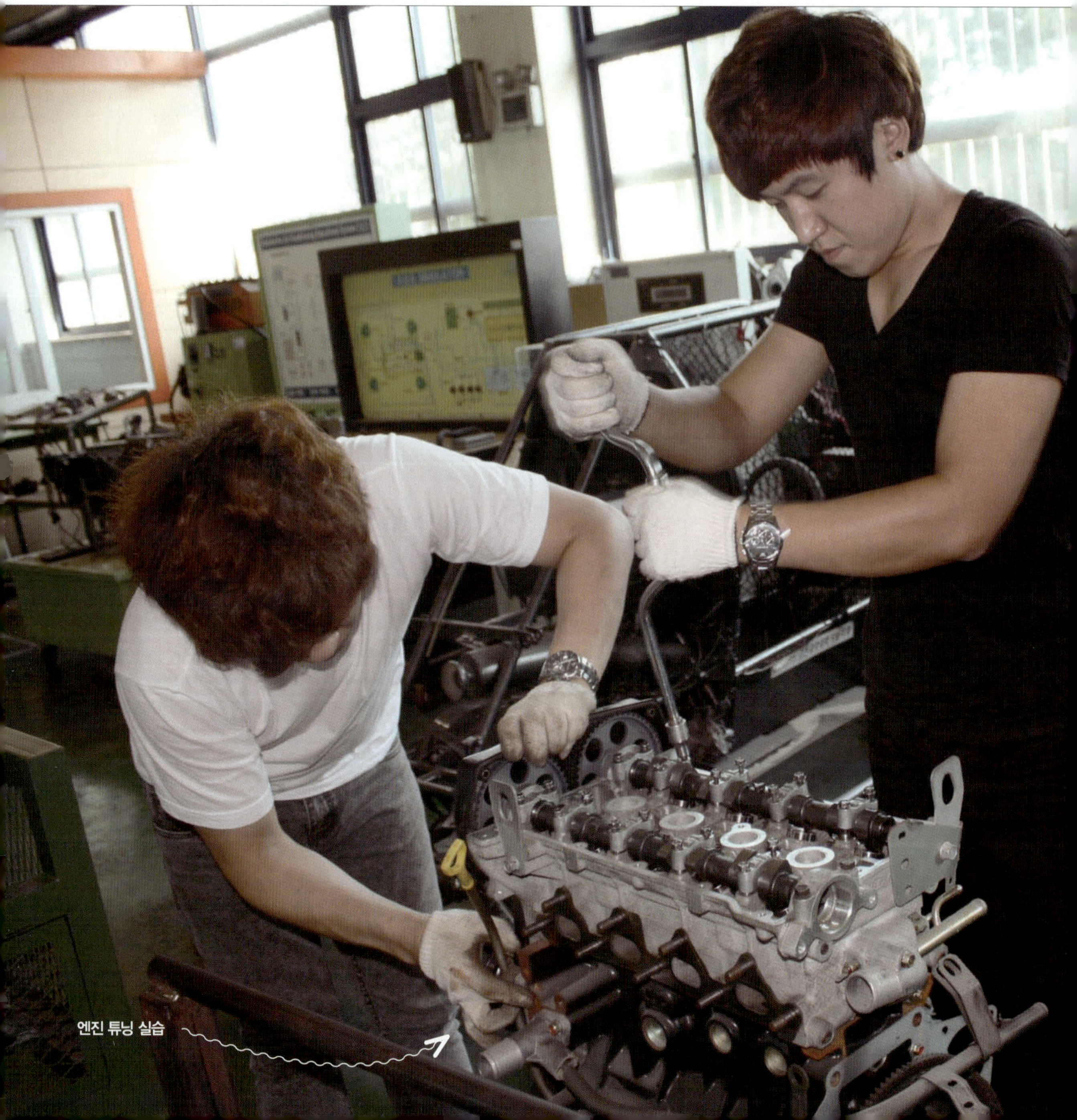

엔진 튜닝 실습

부의 상징으로 여겨졌던 자동차는 이제 우리 생활의 필수품이 되었으며, 세계 어디를 가도 국내에서 생산된 자동차를 볼 때는 반갑고 흐뭇함은 우리 모두의 마음일 것이다.

그동안 자동차는 꾸준한 연구와 노력으로 인하여 이동 수단에서 벗어나, 이제는 첨단을 달리는 시대로 발전하였으며, 어떻게 하면 성능, 내구성, 안전도, 경량화, 디자인 등을 개발하여 특정인들만을 위한 더욱더 좋은 자동차를 자신의 요구에 맞도록 조율할 것인가? 에 대하여 많은 노력을 하였다.

선진국에서는 이미 오래전부터 튜닝 문화가 보편화 되었고, 양산회사에서는 별도의 특수 부품만을 생산하는 연구소를 운영하고 있으며, 개발된 부품을 특정 경주용 자동차 등에 장착하여 성능이 입증되면 양산 자동차에 적용하게 되는데 이것이 즉 튜닝의 근원根源이라고 말할 수 있다.

02 '95 아시아 국제 랠리대회에서 튜닝 부분에 우승한 필자의 국산 자동차

03 국내 최초로 개발된 V8기통 엔진은 알루미늄 블록을 개발하여 엔진의 무게를 줄이고 실린더, 연소실 부분의 냉각효과를 높여주는 등 우수한 성능을 인정받아 세계 10대 엔진에 선정되었다.

04 가솔린과 디젤겸용으로 개발된 로터리*rotary* 엔진은 최대 13,000rpm까지 사용할 수 있는 첨단 엔진이 양산단계에 있을 정도로 튜닝 기술은 꾸준히 발전하고 있다

미래 튜닝 산업을 밝게 해주는 국제 모터쇼의 튜닝 전시
관에 전시되어 있는 각종 국산화된 튜닝 파트들

튜닝된 2000cc 엔진룸. 전동기식 슈퍼차저는 특수 모터를 사용하여
최대 60,000rpm까지 고속 회전이 가능하며, 기존 배터리의 잔여량
을 체크하여 사용되는 시스템이다.

알루미늄*aluminum* 블록과 흡기라인이 개선된 직렬 6기
통 엔진을 개발하여 V6기통 엔진의 벽을 넘었다고 할 수 있
는 국산 엔진

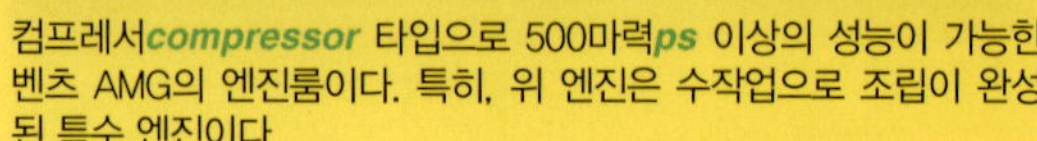

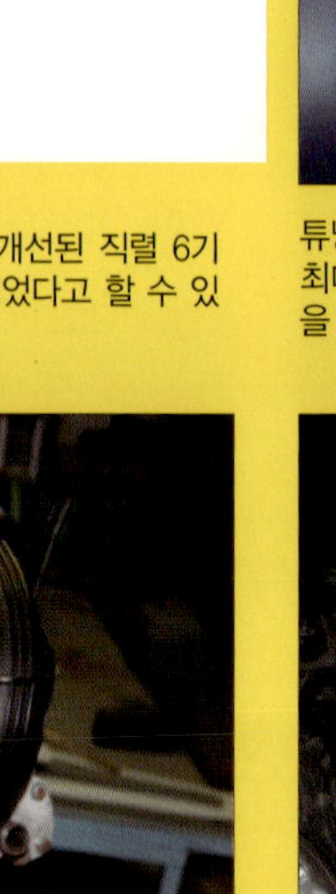

컴프레서*compressor* 타입으로 500마력*ps* 이상의 성능이 가능한
벤츠 AMG의 엔진룸이다. 특히, 위 엔진은 수작업으로 조립이 완성
된 특수 엔진이다.

제 2차 세계 대전 이후 영국, 독일, 일본, 프랑
스 등 여러 나라에서 자동차 산업이 급성장하게
된 것은 전시戰時에 개발되었던 첨단무기 제조 기
술을 자동차 산업발전에 활용하여 경제성장과 아
울러 오늘날 세계 자동차 생산의 중심국이 되어
지금까지도 명차의 혈통을 이어가고 있다.

그동안 우리는 꾸준한 연구와 기술의 발전으로
인하여 이제는 고장이 없는 무결점의 자동차 시대
에 접어들고 있다고 할 수 있다.

엔진을 보링하는 등의 수리를 하였던 시대는 이
미 지나버린 것이다.

단순 이동 수단으로만 여겨졌던 자동차였지만
지금은 어떻게 하면 좀 더 강하고, 빠르며, 좋은
자동차를 만들 것인가에 대해 많은 연구를 하게
되었고 튜닝의 선구자라고 할 수 있는 영국이 가
장 먼저 튜닝 시장에 뛰어들었다.

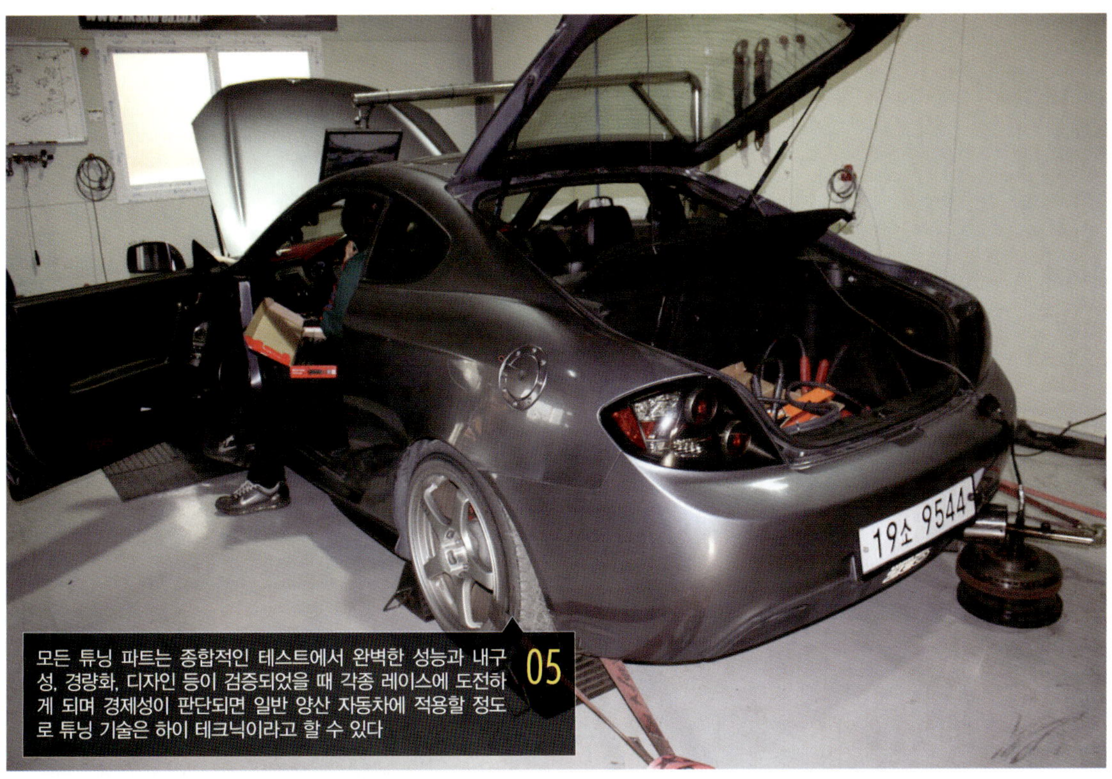

모든 튜닝 파트는 종합적인 테스트에서 완벽한 성능과 내구성, 경량화, 디자인 등이 검증되었을 때 각종 레이스에 도전하게 되며 경제성이 판단되면 일반 양산 자동차에 적용할 정도로 튜닝 기술은 하이 테크닉이라고 할 수 있다 **05**

06 국내에서도 튜닝 기술은 대단히 많이 발전하여 첨단 다이나모 머신으로 엔진 성능을 측정하며, 맞춤형 튜닝의 목적을 설정하게 된다

07 **닛산 GTR**
직렬 6기통 2600cc
트윈 터보차저 흡기라인

　　세계에서 인정받았던 영국의 튜닝 기술력은 상당히 높았고, 일본은 그 기술력을 바탕으로 많은 연구와 노력으로 이제는 세계의 튜닝 문화를 선도할 정도로 일본의 튜닝 산업은 발전하고 있다.

이제 자동차 생산 강국인 우리나라에도 세계인들의 관심이 집중되고 있으며, 포뮬러 1*formula 1*의 첨단머신이 서킷*circuit*을 질주하게 되었다. F1 레이스의 주최국은 지금껏 튜닝 문화가 발전되고 있기에 이제는 우리도 하이 테크닉의 튜닝 문화시대에 접어들었다고 할 수 있다.

지상 최고의 모터스포츠로 자리 잡고있는 포뮬러 1 머신은 최첨단 경량소재를 사용하였으며, 엔진의 성능은 가장 으뜸이다. 튜닝의 결정체라고 할 수 있는 이 레이스는 해마다 전남 영암의 F1 경주장에서 레이스가 펼쳐지는데 1대 제작비가 약 100억원 정도이다.

튜닝의 결정체라고 할 수 있는 첨단 F1 머신.
팀의 1년간 운영비가 약 2000억 이상이 소요된다.

튜닝이 잘된 엔진이라고 하여도 흡입구가 작게 되면 순간의 응답성이 떨어지게 된다.

01　성능 향상을 위한 에어 플로 센서*air flow sense* 케이스의 흡입구 직경 측정

02　외부 공기가 흡입되는 오픈형 에어 필터*air filter*는 주로 튜닝 엔진에 사용되고 있다.

공기의 이동을 돕는 인테이크 파이프*intake pipe*는 내면이 매끄럽다. 이동뇌는 공기의 속도가 매우 빼르고 일반 고무관과 비교하였을 때 입축 공기가 이완되지 않고 그대로 연소실 안으로 이동시킬 수 있기 때문에 응답성과 출력 향상에 도움이 된다.　03

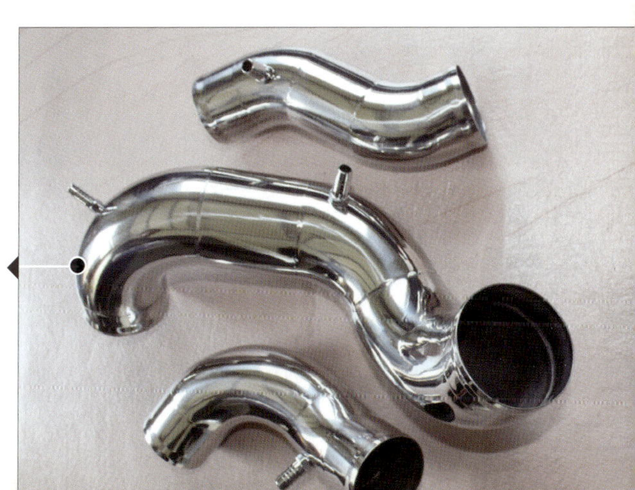

04 액셀러레이터 페달을 밟는 순간에 흡입량을 충족시켜주는 대용량 스로틀 바디 *throttle body*는 매우 빠르게 반응하기 때문에 각종 레이스 등에서 유리하다.

05 고속력 엔진의 튜닝에 있어서 각 기통마다 흡입되는 공기량이 일정하게 공급되어야 일정한 출력을 발휘할 수 있는데 그 역할을 담당하는 것이 흡기 매니폴드이다.

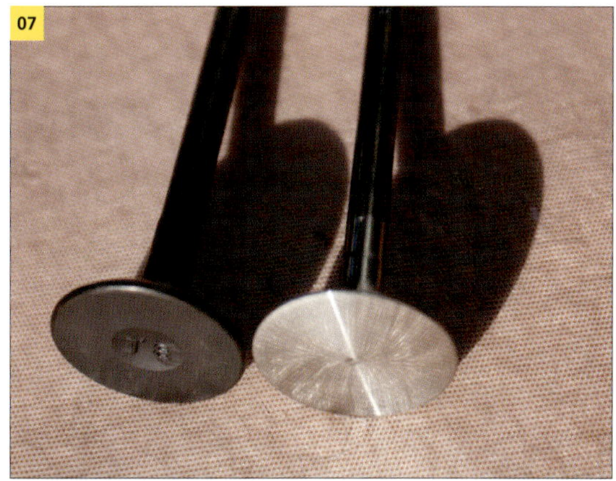

06 헤드 안의 튜닝 전 모습. 흡기와 배기 밸브는 흡입, 압축, 폭발, 배기의 4행정으로 작동되는 엔진에서 정확한 타이밍으로 개폐 작용이 이루어져야 고출력이 가능하다.

07 좌측의 튜닝 전 일반 밸브와 우측의 튜닝 후 밸브의 비교. 밸브 헤드 면을 가공하였을 때는 사진과 같이 밸브의 두께가 얇게 된다. 즉 밸브의 얇아진 두께만큼 연소실의 압축이 낮아진다. 밸브 헤드가 일정한 두께로 가공되지 않으면 각 기통마다 압축이 각각 다르게 되어 언밸런스가 됨으로써 일정한 출력을 기대하기가 어렵다.

08 캠과 밸브 리프트의 접촉. 일정한 클리어런스*clearance*가 유지되지만 캠이 어떤 각도에서 밸브를 리프팅 하느냐에 따라서 저, 중, 고속에서의 토크와 싱능이 다르게 된디.

09 튜닝의 목표에 따라서 크기가 다르게 선택되는 터보차저*turbo charger*지만 성능보다는 빠른 응답성을 요구할 경우에는 필요 이상으로 터보차저가 큰 경우에는 득보다는 실이 많아지며, 고속회전에서의 성능을 원하는 경우에는 기존의 시스템에서 한 단계 높은 터보차저를 선택하는 것이 좋다.

03 흡입라인 튜닝

엔진의 튜닝을 하는데 있어서 정해져 있는 짧은 시간에 흡입 공기를 매우 빠른 속도로 연소실 안에 이동시킨다는 것은 그리 쉬운 일은 아니다. 왜냐하면 흡입 밸브가 리프트 **열려있는 시간** 되는 시간은 한정되어 있고, 밸브가 열리게 되면 엔진이 요구하는 공기를 연소실 안으로 충족시켜 주는

일은 고출력 엔진을 완성하는데 있어서 아주 중요하기 때문이다.

01

연소실로 흡입되는 공기량을 충족시키고 배기 효율을 향상시키기 위해 설치된 다밸브 시스템 이지만 고속성능의 엔진으로 튜닝하기 위해서는 기존의 밸브보다 한 단계 더 큰 밸브 시스템으로 교환하는 것이 좋다.

흡입 효율을 높이기 위해서 엔진룸 맨 앞에 에어 필터 박스가 자리 잡고 있는 토요타 엔진룸

유일하게 스바루 자동차의 수평대형 엔진을 채택하였다. 이유는 무게 중심을 낮게 하여 고속으로 주행하는 과정에서 방향의 전환 등이 원활히 이루어지도록 하기 위함이다.

에어 필터 케이스는 필터를 고정시키는 것으로만 알고 있지만, 공기가 연소실 안으로 흡입되는 과정에서 발생되는 큰 소음을 감소시키는 소음기 역할도 겸하고 있다.

그렇기 때문에 케이스 안쪽을 보면 작은 칸막이가 있는데 이것은 내구성과 소음을 감소시키는 것은 도움이 되지만 흡입 공기가 매우 빠른 속도로 이동하기에는 장애물이 되어 공기의 흐름을 방해한다.

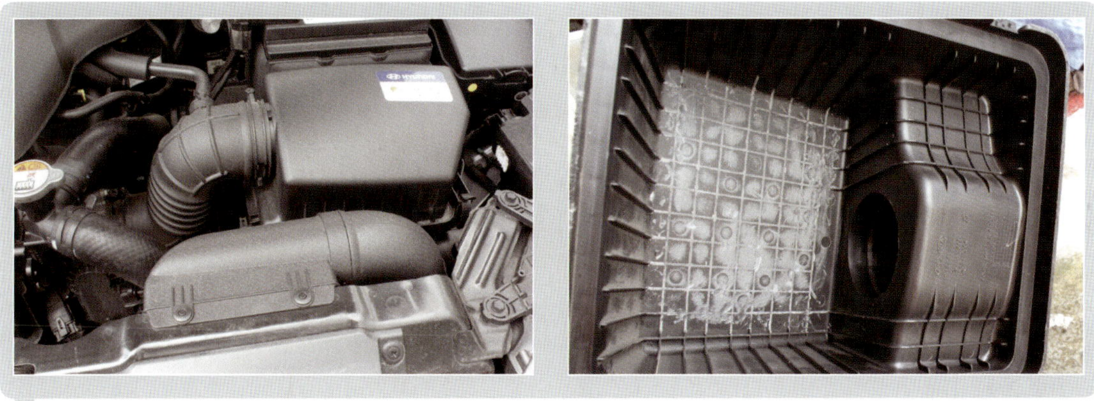

02 공기의 매끄러운 흐름이 이루어지도록 하기 위해서는 미세한 부분에도 신경을 써야 한다. 위 사진은 에어 필터 케이스 안쪽의 미세한 칸막이를 제거하여 공기의 흐름을 부드럽게 해주어야 한다.

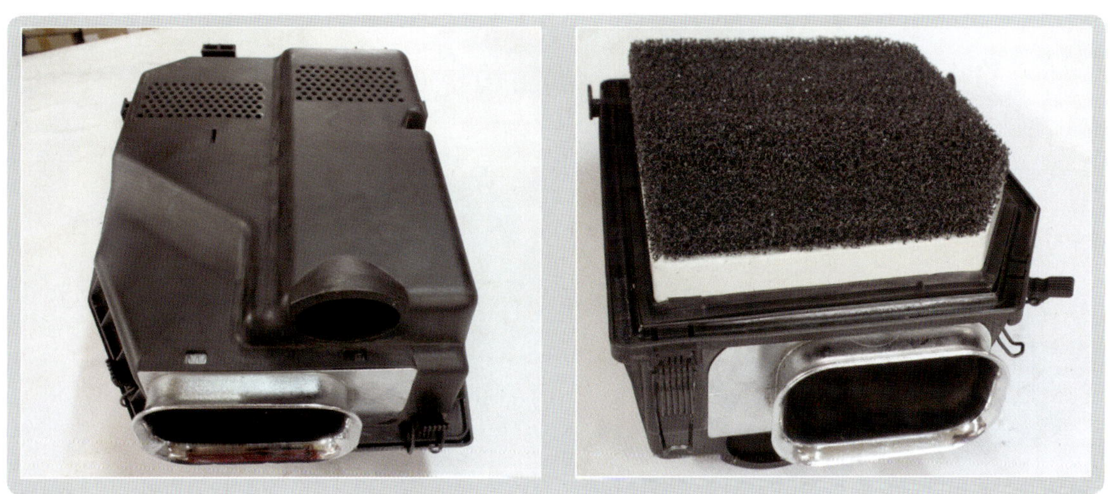

초창기 엔진에는 1개의 피스톤에 흡입과 배기 밸브가 각각 1개로 조립되어 생산 되었지만 지금은 다 밸브 시스템으로 발전되면서 터보차저와 슈퍼차저 시스템 등의 개발에 의해 엔진의 출력 향상에 더욱더 큰 발전을 이루었다.

04 크랭크축과 연결되어 압축 공기가 연소실 안에 채워지는 컴프레서*compressor* 시스템의 엔진도 성능 향상을 목적으로 하기 때문에 강제적인 방법으로 압축 공기를 연소실로 이동시켜주는 벤츠 엔진룸

05 성능 향상을 위해 강제적인 방법으로 압축 공기가 연소실 안을 충족시켜주는 터보차저 시스템

그럼, 출력의 향상을 위한 흡입계통 시스템에 대하여 알아보기로 하자. 에어 플로 센서는 민감한 반응을 보이지만 고출력 엔진의 튜닝에 있어서 양산되고 있는 흡입관의 직경이 작은 경우에는 한 단계 더 큰 용량의 것으로 교환하는 방법도 있다.

06 흡입라인이 전반적으로 잘 진행되었다고 하여도 에어 플로 센서에서 이동되는 공기량은 한정되기 때문에 이 경우에는 한 단계 더 큰 에어 플로 센서로 교환하는 것도 좋은 방법이다.

07 에어 홀과 에어 필터 케이스가 없이 엔진룸 안에 설치되어 있는 오픈형 필터는 소음이 크고 연료 소모량이 많은 편이나 순간 반응속도가 빠르기 때문에 레이스 카에 많이 장착되고 있다.

그리고 공기의 흡입라인이 오픈될 경우 무더운 여름철과 추운 겨울철에는 온도의 기복이 심한 공기가 연소실로 흡입되기 때문에 출력이 저하되는 원인이 되기도 한다.

공기 흡입구는 맨 앞쪽에 위치하고 있기 때문에 많은 량의 신선한 외부공기를 연소실로 이동시켜 줌으로써 소음, 최대속도, 연료절감의 효과를 주지만 빠른 응답성은 오픈 필터에 비해서 더 떨어지게 된다.

최초 외부의 공기가 유입되는 공기 흡입구는 자동차가 주행을 하면 압축된 많은 공기를 연소실로 유입시켜 주는 역할을 담당한다.

08 일반 엔진의 공기 흡입 라인 시스템에 순정형 튜닝 필터를 장착하였을 경우 소음이 작고, 오픈형 필터에 비해서 연료소모량은 적으나 순간으로 진행되는 응답성은 늦지만 최고 속도에서는 유리하다.

09 기존 흡입방식을 대용량 흡입라인으로 제작되는 튜닝 시스템

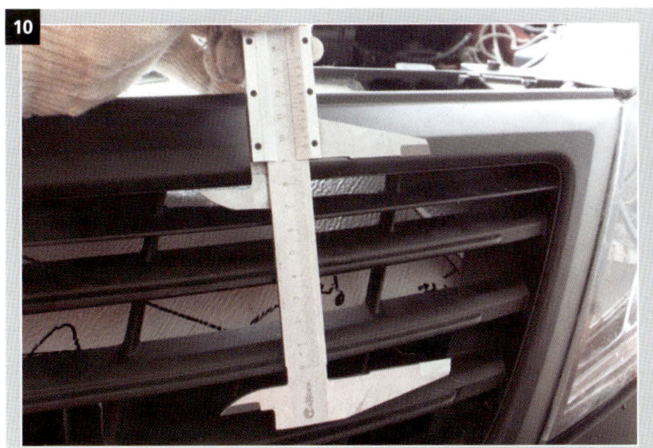 

10 자동차가 달리는 과정에서 흡입되는 외부공기의 효율을 높여주기 위해서 라디에이터 그릴 안쪽에 넓은 에어 홀을 설치하고 있는데, 이 방식은 주로 자연 흡기식 엔진 시스템에 적용되고 있다.

11 일반 엔진룸에 설치되어 있는 공기 흡입라인 방식과 내면이 매끄럽게 밴딩*bending*되어 있는 알루미늄 흡기 파이프와 비교하면 공기 흐름의 차이가 많다.

12 공기가 흐르는 주름관은 엔진이 작동할 때 진동에 의한 완충작용에는 좋지만 고성능의 엔진으로 튜닝하는 경우에는 공기의 흐름에 장애 요소기 된다.

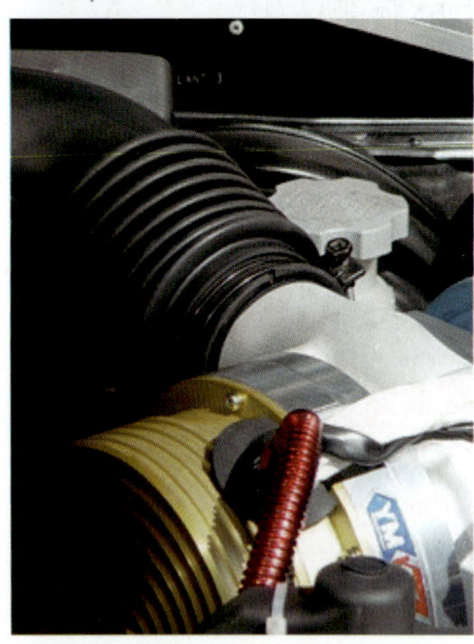

13 공기의 흐름에 간섭을 받게 되는 고무 재질의 흡입 주름관

14 같은 조건의 엔진에서 공기의 흐름이 유연하고 내면이 매끄러운 알루미늄 흡기 파이프가 성능의 향상에는 유리하다.

15 양산 스로틀 밸브와 대용량으로 제작된 스로틀 밸브. 일반 양산 자동차에 장착되는 스로틀 밸브*throttle valve*의 흡입구 직경이 작은 이유는 여러 가지가 있지만 정숙성, 연비 등을 충분히 고려한 것이다

흡기 매니폴드에 연결되는 튜닝된 스로틀 밸브는 순간적인 고출력을 목적으로 제작된 것으로 각종 레이스에서는 승차감보다는 빠른 응답성을 추구하기 때문에 주로 고성능의 엔진으로 튜닝하는데 필요하다. 16

예를 들어 자동차가 고속으로 주행하는 중에 창밖으로 손을 내밀게 되면 공기의 저항을 크게 느낄 수 있다. 이렇게 강하게 흐르는 압축된 외부의 공기를 엔진의 연소실로 이동시켜 줌으로써 출력을 향상시킬 수 있는데 이 방법은 주로 자연 흡기식 엔진의 튜닝에 많이 적용되고 있다.

무엇보다도 엔진의 튜닝에 있어서 고출력을 얻기 위한 방법으로 **흡기 시스템을 개선하지 못한다면 고출력의 향상은 기대하기가 어렵다.**

흡입, 압축, 폭발, 배기의 4행정 엔진에 있어서 흡입라인의 튜닝은 매우 중요하기 때문에 많은 노력이 필요하다.

흔히 배기의 튜닝을 흡기의 튜닝과 비슷하거나 더 중요시 여기는 경우를 종종 볼 수가 있는데 그것은 잘못된 생각이다. 흡입 공기량이 작으면 배기량도 적어지며, 배기의 사운드가 크다고 해서 고출력의 엔진으로 변할 수가 없기 때문이다.

다시 말해서 고출력을 목표로 정했다면 흡입효율이 우선이며, 흡입효율을 높여주지 않으면 출력의 상승이 힘들어 진다.

17 튜닝 엔진에 있어서 흡입 밸브가 크고 스로틀 바디**액셀 하우징**가 작으면 더욱 빠른 응답성을 추구할 수 있기 때문에 레이스 등에서 더욱 유리하다고 할 수 있다.

18 4기통 엔진의 알루미늄 흡기 매니폴드 시스템과 신소재를 사용하여 내면이 매끄럽고 경량화로 제작된 흡기 매니폴드

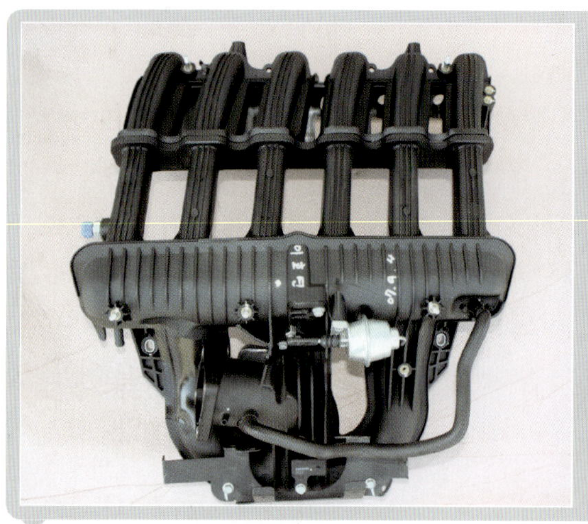

19 엔진의 성능 향상을 위해 많이 개선된 자연 흡기식 6기통 엔진의 흡기 매니폴드 시스템

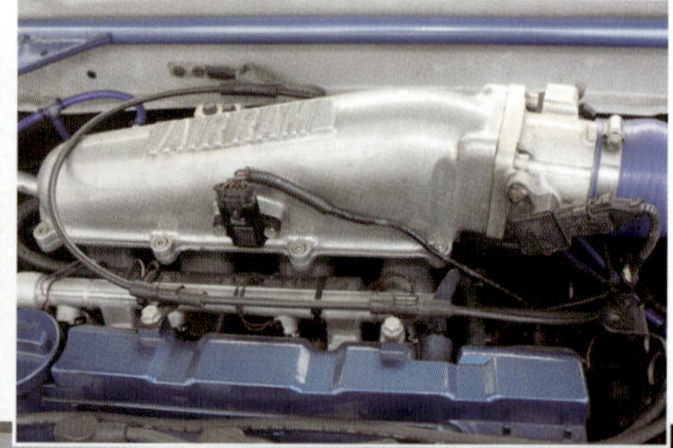

20 자연 흡기식 매니폴드좌, 터보차저 시스템 매니폴드우. 고성능의 엔진 튜닝은 사용 목적에 따라서 흡입라인의 구조 개선이 요구된다. 그 이유는 강제적으로 압축 공기가 흡입되는 터보차저 시스템과 자연 흡기식 시스템은 다르기 때문이다. 자연 흡기식 시스템은 흡입 공기가 강압적이지 못하고 피스톤이 하강하면서 흡입되는 방식이기 때문에 아래 사진과 같이 흡입 공기량이 일정하게 연소실 안으로 흡입될 수 있도록 하는 노력이 필요하다.

(1) 에어 필터 air filter

에어 필터는 공기가 연소실로 이동되기 전에 이물질과 먼지를 걸러주는 역할을 한다. 하지만 고속회전 시 흡입되는 공기가 매우 빠른 속도**고속회전 시 1초에 약 50m 이상, 50m/s**로 이동하기 때문에 필터의 여과기능이 떨어지게 되면 마치 공기가 흐르는 이동 통로에 장애물을 설치하는 것과 다르지 않게 된다.

엔진의 튜닝에 있어서 어느 한 곳이라도 소홀하게 되면 지금까지 해왔던 것들이 효과를 볼 수 없기 때문에 **전체적인 시스템의 밸런스가 중요하다.**

그리고 요즘 양산되는 엔진의 경우 꾸준한 기술의 발전으로 인하여 높은 수준의 엔진을 만들고 있기 때문에 기존의 엔진 시스템을 충분히 이해하여야만 고출력의 엔진을 완성시킬 수 있다.

21 에어 필터 케이스에 장착된 순정형 튜닝 에어 필터

22 순정형 일반 에어 필터의 종류

23 흡입 라인이 양쪽으로 설계되어 있는 V8기통 엔진룸

❶ 흡입 공기를 여과시켜주는 각종 에어 필터

일반 필터는 주로 종이 재질의 필터이며, 엔진 오일의 교환주기에 맞추어 교환하고 있다. 미세한 먼지를 여과시켜주는 기능은 좋으나 수분에 약한 단점이 있으며, 특히 장마철이나 습기가 많을 경우 통기구가 막힌 상태에서 건조되면 표면이 깨끗한 필터라도 고속으로 주행하는 경우에는 다소 여과기능이 저하되는 경우가 있기 때문에 참고하여야 한다.

❷ 순정형 튜닝 필터

아래 3가지 필터를 종합하여 보면 흡입되는 공기의 양은 많으나 밀폐된 공간 안에서 일반 필터와 조립되는 방식이 같기 때문에 소음과 진동음 등은 일반 필터와 비슷하다.

장점

① 오픈 필터에 비하여 소음이 적고 일부는 세척이 가능하여 친환경적이다.

② 오픈 필터와 비교하면 급가속시 응답성은 조금 떨어지지만 연비, 소음, 최고속도 등에서 유리한 장점이 있다.

단점

① 가격이 일반 필터에 비해 비싼 편이다.

24 건식 튜닝 필터. 소음이 적은 건식 필터이며, 흡입량이 풍부하고 수분에 강한 특수 소재를 사용하였으며, 세척이 가능하다.

25 습식 튜닝 필터. 오일을 첨가한 스펀지로 제작 되었고 주로 비포장도로에서 강하며, 세척이 가능하다.

26 습윤식 튜닝 필터. 여과기능이 매우 좋으며, 교환하는 형식이다.

❸ 오픈형 튜닝 필터

오픈 필터는 주로 경주용 자동차, 드래그 레이스 카 등에 사용되고 있으며, 응답성이 좋기 때문에 스포츠카나 일반 카 마니아들도 즐겨 찾고 있다.

장점

① 액셀러레이터 페달을 밟으면 순간 출력과 응답성이 좋아 각종 레이스에서 유리하다.

단점

① 연료 소모가 많으며, 소음이 크다.

② 엔진룸 안에서 오픈된 상태로 있기 때문에 기복이 심한 더운 공기나 찬 공기가 연소실로 흡입되는 단점이 있다.

27 고속형 건식 필터. 응답성이 빠르고 세척이 가능한 온로드용 필터이다.

28 스펀지로 제작된 습식 필터. 온로드에서도 많이 사용하고 있으나 비포장용으로 랠리 등에서 강하며, 세척이 가능하다.

29 습윤식 필터. 일반 카 마니아들에게 많이 애용되고 있으며, 세척은 불가능하다.

30 건식 오픈형 튜닝 에어 필터가 장착된 전동기식 슈퍼차저 시스템 엔진룸

(2) 인테이크^{Intake} 종류

순정 인테이크는 고무제품이며, 주름관은 소음과 진동에 도움을 주지만 고속 주행에서는 공기가 매우 빠른 속도로 이동하기 때문에 주름진 요철부분은 장애물이 되어 공기의 흐름에 많은 영향을 미치게 된다. 따라서 아무리 좋은 에어 필터를 장착하여도 이 경우라면 출력향상에 좋은 결과를 기대하기는 어렵다.

알루미늄 관으로 제작하여 튜닝을 한 인테크 파이프는 흡입되는 공기가 연소실 안으로 아주 빠른 속도로 이동할 수 있도록 중간에 요철부분의 주름관이 없는 것이 특징이다. 그리고 가볍고 방열 효과가 좋으며, 튜닝 에어 필터와 매칭이 잘되어 빠른 응답성과 고속주행 시 가속성이 더욱 향상 된다.

인테이크 파이프가 유연하게 밴딩되어 있는 이유는 엔진룸의 구조 때문이기도 하지만 흡입되는 공기가 매우 빠른 속도로 이동될 수 있도록 일종의 와류형상으로 제작되었으며, 이것은 투수가 온몸을 휘어서 공을 던지는 것과 비슷한 원리이다.

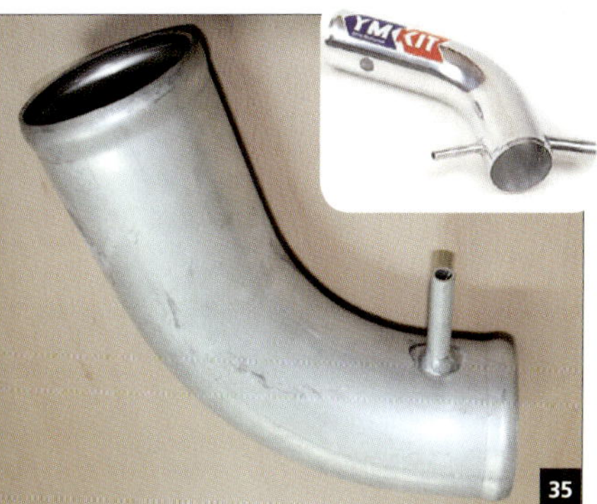

32 주름이 있는 일반형 인테이크 고무호스

33 공기 흐름이 유연하게 튜닝된 인테이크 파이프

34 바나나 형으로 제작된 흡기 매니폴드는 내면이 거친 단점이 있어 매끄럽게 연마하여야 한다

35 공기의 이동속도를 높여 주고 냉각효과가 좋은 알루미늄 인테이크 파이프
aluminum intake pipe

36 바나나 형으로 제작된 흡기 매니폴드는 내면이 거친 단점이 있어 매끄럽게 연마하여야 한다.

37 공기의 흐름을 가속화시켜 주기 위한 방법으로 내면이 매끄럽게 처리된 신형 인테이크 시스템

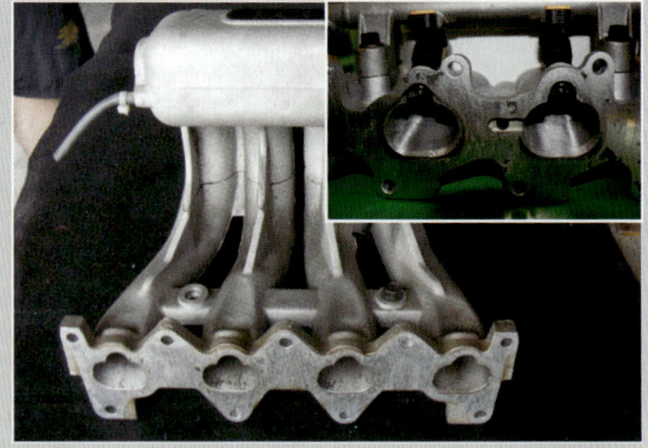

(3) 흡입 계통의 종류

38 엔진에서 요구되는 흡기구의 직경이 작은 양산용 스로틀 밸브는 승차감, 연비, 저 중속에서의 토크 등을 감안하여 제작된 것이다.

성능향상에 목적을 두고 제작된 스로틀 밸브는 순간의 공기 흡입 량을 최대한으로 증가시켜 고출력을 얻기 위함이다. 39

❶ 각종 스로틀 밸브*throttle valve*

엔진의 튜닝이 완성 되었을 때 액셀러레이터 페달을 이용하여 엔진을 컨트롤하지만 실제로는 그와 연동되어 있는 스로틀 밸브가 엔진의 회전을 컨트롤하는 큰 역할을 담당하게 된다.

보통 양산 엔진의 경우 스로틀 바디 하나로 엔진의 전체를 움직이게 되는데 이 방법은 일반 엔진에서 많이 사용되고 있는 방식이다.

위 사진은 일반 양산용 스로틀 밸브를 가공하여 흡기구의 직경을 확대 하였다. 이 방식은 기존의 제품을 가공하여 경비가 절감되기 때문에 마니아들은 주로 이 방식으로 스로틀 밸브를 튜닝하여 사용한다.

이 방법을 선택함으로써 많은 시간과 경비를 줄일 수 있지만 스로틀 밸브의 용량을 크게 하는 것은 한계가 있으며, 기존의 양산품에 비교한다면 응답성은 빠르지만 스로틀 밸브의 교환만으로 출력이 크게 향상되는 등의 기대와는 다소 차이가 있다.

왜냐하면 급가속에서 스로틀 밸브가 열리는 순간에 흡입되는 공기가 매우 빠르게 이동하는데 이때 에어 홀 → 에어 필터 → 에어 플로 센서 → 흡입 연결관 등으로 이동하고 있는 공기가 스로틀 밸브에서 요구하는 용량에 맞아야 하며, 중요한 것은 스로틀 밸브를 통과한 공기가 흡기 매니폴드 안에서 와류소용돌이를 일으키면서 각 연소실로 일정한 압축 공기를 충분히 공급하여만 흡기 튜닝의 밸런스가 알맞게 되어 고출력을 기대할 수 있기

때문이다.

그리고 튜닝이 완료된 스로틀 밸브의 효율을 높이기 위해서는 흡기 매니폴드와 연결되는 부분의 직경까지도 고려하여야 한다.

그리고 액셀러레이터 페달을 밟으면 각 기통에서 개별적으로 스로틀 밸브가 동시에 작동되는 방식으로 주로 경주용 자동차, 슈퍼 카 또는 고성능 스포츠카의 엔진에 장착되고 있지만 국내에서 생산되는 양산 엔진에는 아직 적용되지 않고 있다.

각 기통마다 독립된 개별 스로틀 밸브 시스템은 뛰어난 응답성으로 승차감이 부드럽지 않기 때문에 스포츠카나 경주용 자동차의 엔진에 많이 장착되고 있다.

❷ 흡기 매니폴드*intake manifold*의 종류

각 기통의 연소실 안으로 흡입되는 공기량이 불규칙하면 고속회전을 목표로 하는 엔진의 튜닝에 있어서 지장이 많기 때문에 흡기 매니폴드의 역할은 상당히 중요하다.

앞에서 서술하였지만 고속으로 주행할 때 연소실로 흡입되는 공기의 순간속도는 엔진에 따라 다소 차이가 있지만 1초에 약 50미터50m/s 이상의 상상할 수 없는 속도로 매우 빠르게 흐르고 있다는 사실을 알아야할 것이다.

41 알루미늄 흡기 매니폴드

42 알루미늄 흡기 매니폴드는 내면이 매끄럽지 않은 단점이 있다.

43 각 기통마다 일정한 공기가 흡입될 수 있도록 설계한 일반 매니폴드

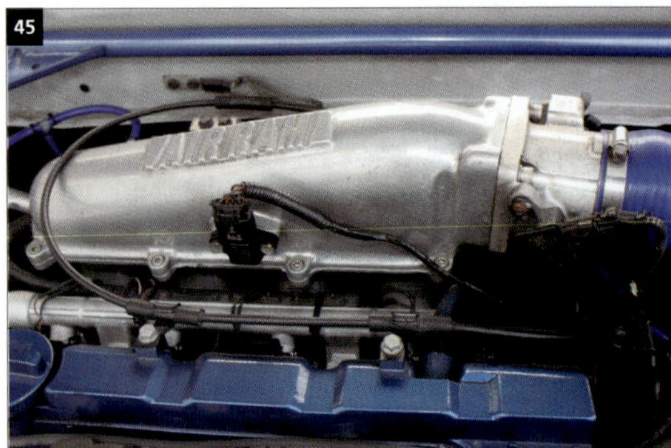

44 자연 흡기식 시스템 매니폴드

45 터보차저 시스템 매니폴드

46 내면이 튜닝된 RX-7 매니폴드

47 신소재 사용으로 경량화된 매니폴드는 가볍고 내면이 매끄럽게 제작되어 있다.

48 흡기 매니폴드가 간단하게 보이지만 엔진의 성능에 있어서 공기의 흐름이 매우 중요하기 때문에 위 그림과 같이 흡기 매니폴드가 엔진에서 차지하는 부분은 상당하다.

04 연소 효율의 향상

연소 효율 향상이란? 연소실로 유입되는 공기와 연료가 완전연소될 수 있도록 최적의 상태로 혼합비를 유지함으로써 연소 효율을 높일 수 있다는 뜻이다.

우리는 앞에서 공기 흡입라인의 튜닝에 대해서 연구 하였다. 공기 흡입라인의 튜닝으로 흡입 공기량을 증대시켰다면 그에 준하는 연료가 혼합되었을 때 완전연소가 이루어지는 것은 매우 중요하다. 왜냐하면 혼합비가 최적의 상태가 유지되어야 하기 때문이다.

연소 효율을 향상시키는 방법을 알아보면 다음과 같다.

01 인터쿨러*intercooler*에 의한 압축 공기의 냉각효과, 자동차가 주행하면서 자연의 바람에 의한 냉각 시스템은 출력 향상에 있어서 상당히 중요한 요소 중 하나이다.

(1) 연소 효율의 향상을 위한 시스템

02 연소실에 압축 공기를 증가시켜 주는 터보차지

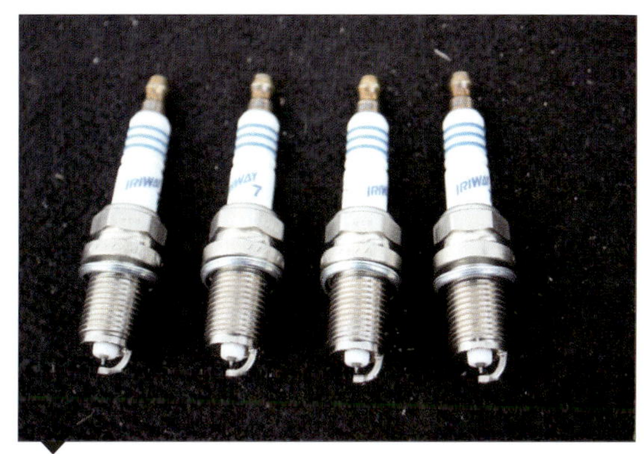

03 강한 스파크로 연소 효율 상승

04 엔진의 튜닝 상태에 따라 최적의 혼합비율과 각종 시스템을 컨트롤할 수 있는 튜닝 ECU

05 최적의 상태로 혼합비를 조율하는 대용량 인젝터

06 완벽한 흡입과 배기를 담당하는 밸브의 개폐장치

07 강력한 압축으로 이어지는 연소효과

위와 같이 여러 가지 방법으로 연소 효율을 높여줌으로써 출력의 상승을 기대할 수 있지만 불완전 연소가 지속될 경우 배기가스로 인하여 헤드와 밸브 그리고 매니폴드*manifold*, 터빈*turbine* 등에 카본이 누적되면 출력이 현저하게 떨어지기 때문에 완전연소를 위해서는 많은 시간과 노력을 아끼지 말아야 한다.

(2) 압축*compression*

높은 연소 효율과 강력한 엔진의 튜닝을 기대하려면 압축비를 높여주는 것이 필수이다.

엔진이 압축행정을 할 때 실린더 안에서 피스톤이 최대의 공기를 흡입하여 최소의 부피로 압축시키는 것을 의미하는데, 엔진 튜닝의 핵심은 어디까지 압축비를 최대 허용치까지 높일 것 인가에 따라서 출력의 향상에 한계가 되기 때문에 많은 노력을 하여야하며, 너무 무리하게 진행하면 노킹 등으로 인하여 엔진에 큰 손상을 입힐 수 있기 때문에 세심한 주의와 노력이 필요하다.

피스톤 헤드의 형상이 각
각 다른 것은 연소실의 면
적을 줄여 압력을 높여주
기 위한 방법으로 제작된
각종 피스톤 **08** ◀

09 고성능으로 튜닝된 NA 방
식의 엔진룸

10 너무 무리하게 연소실의 압축을 높이면 노킹현상이 발
생하기 때문에 그 한계를 찾아내는 노력이 필요하다.

노킹이란?

엔진의 작동 중 연소실 내에서 정상의 연소파가 진행
됨에 따라 미연소 가스는 압축되고 온도가 상승하여
연소실 벽이 가열된다. 이때 미연소 가스가 조기 착
화 온도에 도달하면 전체 미연소 가스도 동시에 격렬
한 연소를 일으켜 연소실 벽을 작은 해머로 두드리는
것과 같이 화염 파가 연소실 벽을 때리게 된다. 즉 흡
입-압축-폭발-배기의 4행정에서 피스톤이 완전
히 압축되기 전에 폭발하게 된 것을 말하며, 이것을
조기 착화 현상이라고도 한다.

(3) 무리한 튜닝으로 인하여 실패한 경우

무리한 튜닝으로 인하여 실패할 경우 많은 시
간과 노력이 무의미하기 때문에 사전에 기존
의 시스템을 충분히 분석한 후에 튜닝의 한계점을
알 수 있어야 한다.

노킹으로 인하여 엔진의 고장을 방지하기 위해
압축비를 보통 가솔린 엔진의 경우 7~11:1정도의
압축비를 유지하며, 디젤의 경우는 가솔
린 보다 높은 15~22:1의 압축비를
유지 하지만 엔진 튜닝의 경우라
면 여기에서 마진을 찾는 기술
이 필요하다. 다시 말해서

Point 고옥탄가와 스파크 플러그 등은 어떻게 보강할 것인가?

등을 연구하여 고성능의 엔진을 완성시키기 위해
서는 꼭 연소 효율을 높이기 위한 기술적인 노력
이 필요하다.

(4) 압축비 조정

압축비를 높이기 위해서는 아래와 같은 튜닝 방법들이 있다.

압축비를 한계치까지 높이는 것이 튜닝의 기본이지만 헤드나 블록을 무리하게 많이 가공하면 크랭크축과 캠축이 근접하게 되어 피스톤은 물론 밸브 타이밍에도 많은 영향을 줄 수 있다는 것을 생각하여야 한다.

또한 압력이 높아지면 노킹에 대해서도 대처할 수 있어야 함으로 엔진의 튜닝은 자세히 검토한 후에 전체 밸런스를 이해하고 그 한계치를 결정하여야 한다.

11 실린더 헤드의 면을 가공하여 헤드를 얇게 하는 방법

경주용 차일 경우?

경주용 차인 경우 고옥탄가의 가솔린을 주로 사용하는데 옥탄가가 높으면 조금 과다하게 연료를 주입시켜도 고속회전에서 연소가 가능하기 때문에 연소실 압력을 좀 더 높일 수 있다.

실린더 블록 면을 가공하는 방법 **12**

두께가 얇은 헤드 가스켓*head gasket*으로 교환하는 방법 **13**

14 각종 피스톤 헤드 변형으로 연소실
압력을 높여 주는 방법

15 흡기 밸브와 배기 밸브는 개폐장치가 분명해야 한다.

16 결정적인 압축을 담당하는 피스톤 링과 피스톤은 상당한 압력에 의해 작동되고 있기 때문에 피스톤 스커트 부분을 특수 코팅하는 이유는 실린더 내벽과의 마찰을 줄여주기 위한 방법이다.

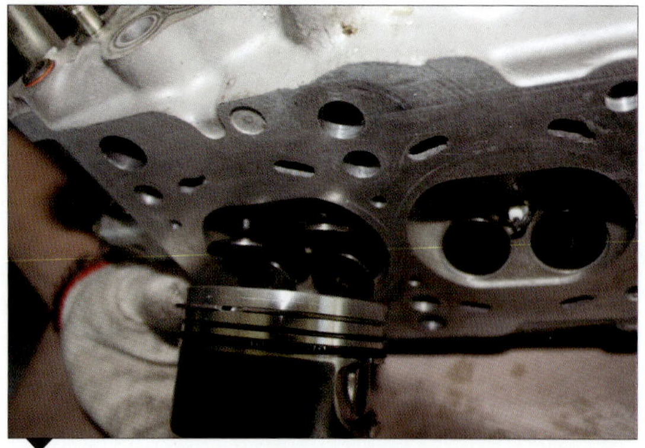

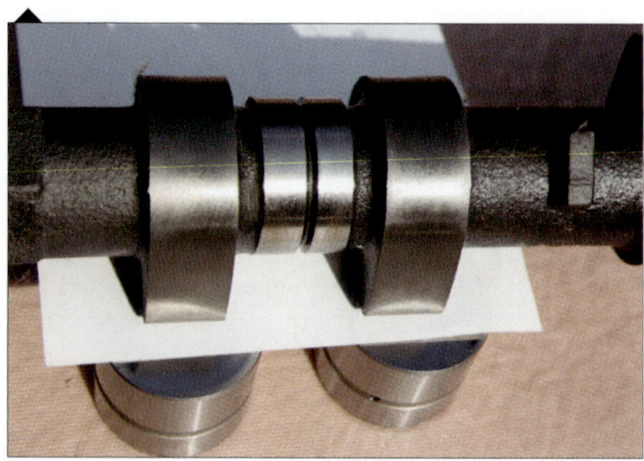

17 흡 · 배기 시스템을 컨트롤하는 캠과 캠각은 고속회전에서의 출력 상승에 많은 부분을 차지하고 있다.

고성능의 엔진으로 튜닝하는 경우에는 기본에 충실하여야 하며, 무리한 튜닝은 금물이다. 스커트 부분과 피스톤 내면을 과다하게 가공하여 압력과 열에 의해 피스톤 형상이 변화되면 위와 같이 피스톤이 파손되는 원인이 된다. 18

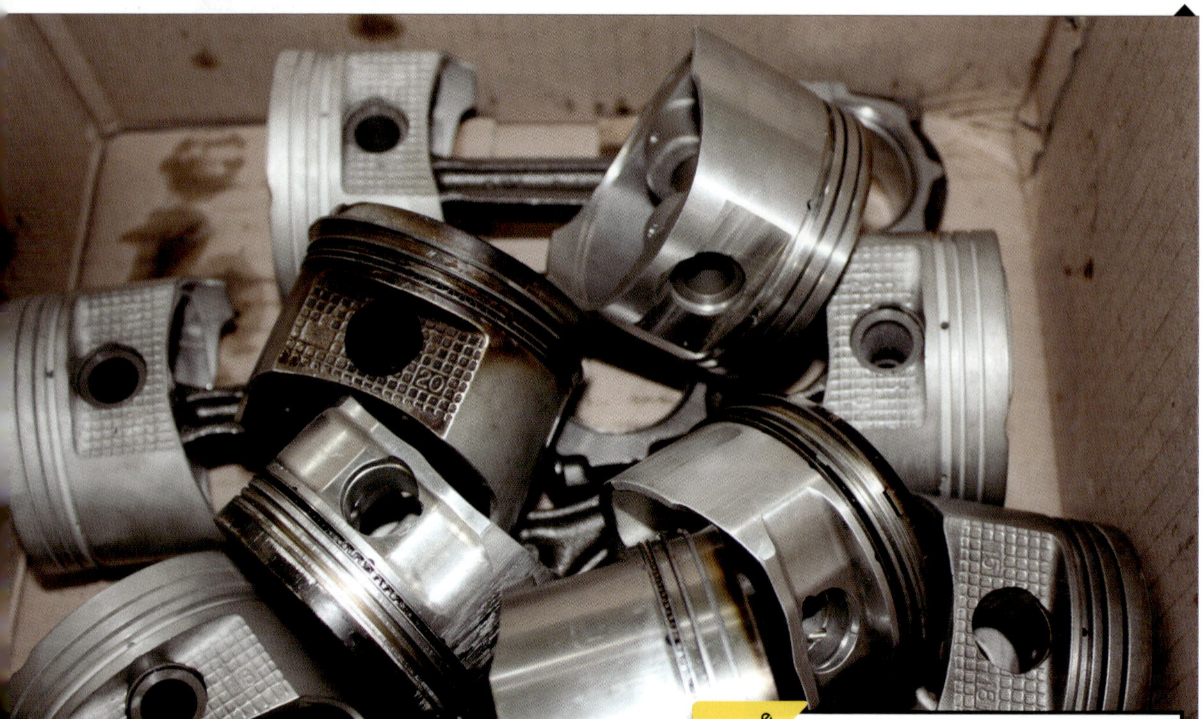

Reference

압축비를 높이는 이유?

압축비가 높아지면 열효율이 증가하기 때문에 결국은 같은 양의 연료를 소비했을 때 연소실의 압력을 좀 더 높일 수 있기 때문이다.

(5) 점화 플러그 *spark plug*

엔진 튜닝에 있어서 점화 플러그와 고압 **플러그** 케이블의 교체만으로도 어느 정도 좋은 효과를 볼 수 있다. 그 이유는 강력한 불꽃은 좋은 소화제와 같기 때문이다.

일반적으로 점화 플러그를 보면 엔진의 성격에 따라서 열가를 나타내는 번호가 찍혀있는데 이 경우 연소율이 한 단계 더 높은 것으로 교환하는 것이 좋으며 중요한 것은 점화 플러그가 조립되었을 때 그 위치를 확인하여 불꽃의 방향을 알아놓는 것도 좋은 방법이다.

왜냐하면 연소실 내에서는 반드시 불꽃이 발화되는 시점에서부터 피스톤 헤드전체로 확산되기 때문에 아무리 편평한 피스톤 헤드라도 불꽃이 먼저 발화된 부분에서 실린더 벽에 주는 충격이 더 크기 때문이다. 점화 플러그 위치가 다르게 되면 피스톤은 또 다른 실린더 내벽의 부분과 마찰이 이루어진다.

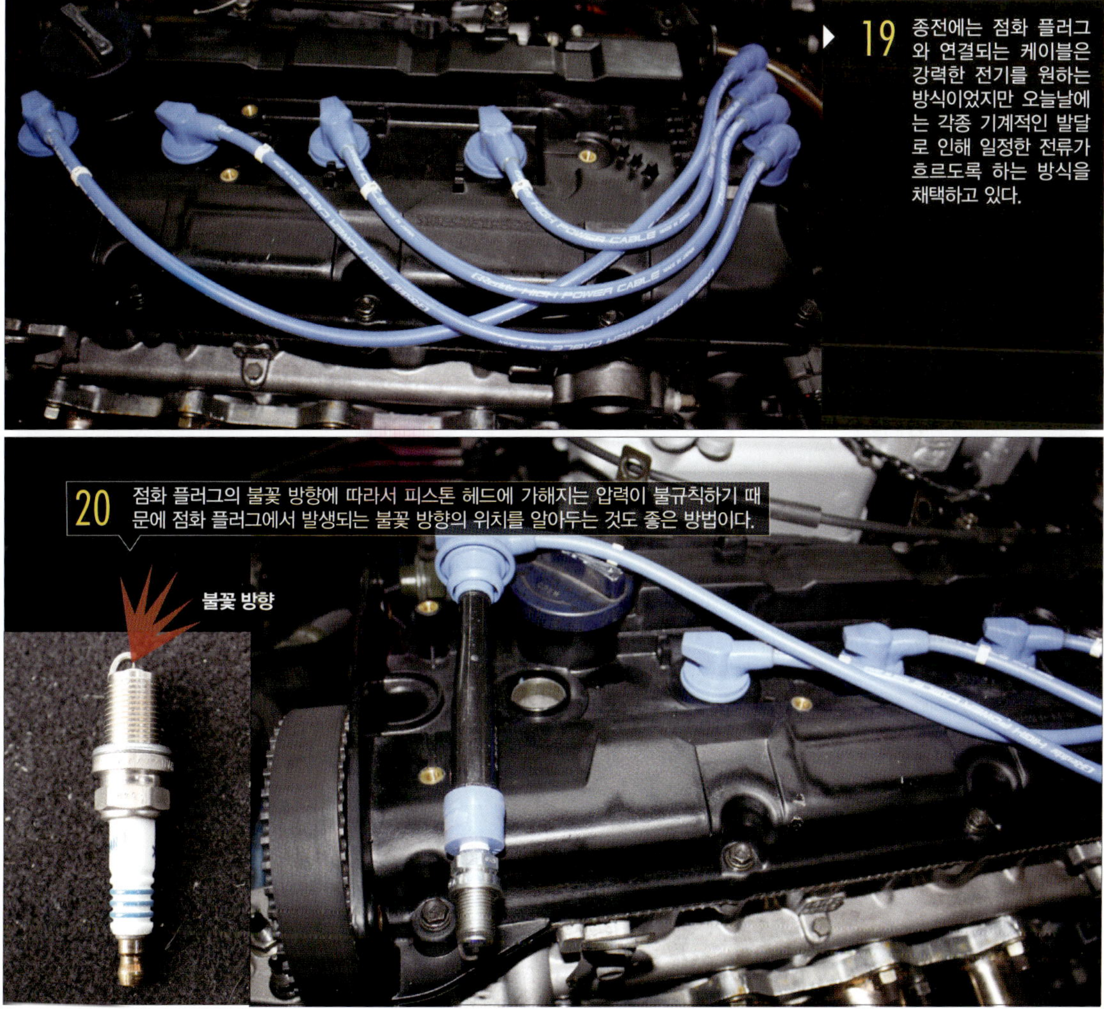

19 종전에는 점화 플러그와 연결되는 케이블은 강력한 전기를 원하는 방식이었지만 오늘날에는 각종 기계적인 발달로 인해 일정한 전류가 흐르도록 하는 방식을 채택하고 있다.

20 점화 플러그의 불꽃 방향에 따라서 피스톤 헤드에 가해지는 압력이 불규칙하기 때문에 점화 플러그에서 발생되는 불꽃 방향의 위치를 알아두는 것도 좋은 방법이다.

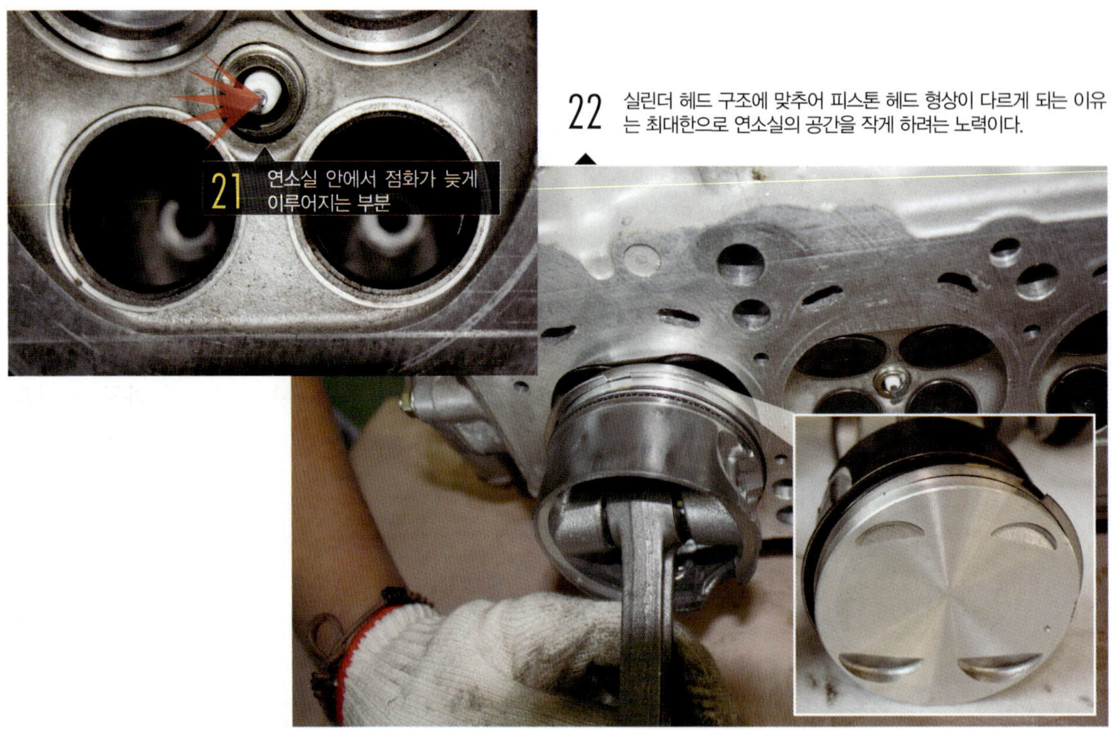

22 실린더 헤드 구조에 맞추어 피스톤 헤드 형상이 다르게 되는 이유
는 최대한으로 연소실의 공간을 작게 하려는 노력이다.

(6) 연료의 무화 *atomization*, 霧化

연료의 무화가 잘 이루어질수록 화염 전파속도
가 매우 빠르기 때문에 연소 효율도 좋게 된다. 연
료의 무화는 연료 압력에 의해 좌우되는데 일반
적으로 연료 압력이 높을수록 연료의 무화가 좋
아지고, 낮을수록 나빠지게 된다.

따라서 연료 압력 조정장치 레귤레이터, *regulator* 와
강력한 연료 모터 *fuel motor* 를 이용하여 연료 압력
을 높이는 것으로도 연소 효율의 증대를 도모할
수 있다.

그래서 레이싱 카에는 연료 압력을 높이기 위
해서 고성능 연료 모터를 별도로 설치하는 경우가
많다.

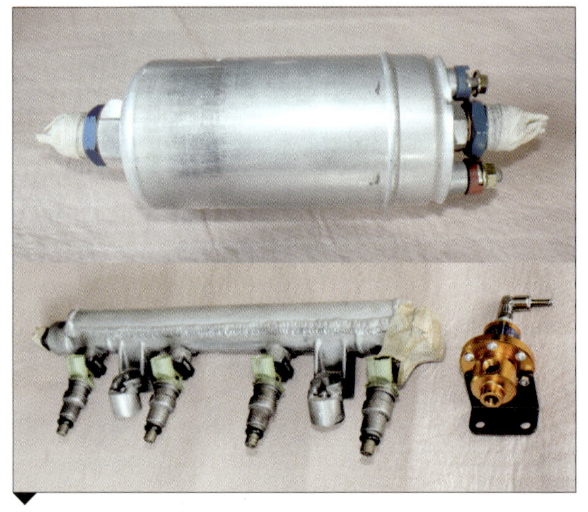

23 고성능 연료 모터는 순간적으로 열리게 되는 인젝터의 기능을 높
여주기 위함이며, 레귤레이터 *regulator* 는 연료 압력의 한계를 조
율하기 위함이다.

05 엔진 작동시 마찰에 의해 발생되는 손실 에너지

엔진이 작동할 때 연료소비를 줄이기 위해서는 적은 연료를 효율적으로 연소시켜 엔진을 구동시키는 것이 일반적인 방법이지만 경주용 자동차의 경우 좀 더 많은 연료를 사용하여 높은 압력과 강력한 불꽃 등으로 고성능 엔진을 요구하게 된다.

연소실에서 발생되는 매우 높은 폭발 압력으로 인하여 엔진 내부의 기계적인 마찰 손실을 최소화 해야만 원하는 출력의 향상을 기대할 수 있기 때문이다.

고출력을 목표로 튜닝을 하려면 마찰 손실은 비례해서 증대하기 때문에 마찰 손실이 커지지 않도록 많은 노력을 기울여야 한다.

(1) 마찰 등에 의한 손실 에너지

마찰 손실은 피스톤과 피스톤 링, 실린더, 저널 베어링과의 마찰, 밸브, 오일펌프, 워터 펌프, 캠축, 크랭크축, 발전기 등 주변 장치의 구동에 필요한 마찰 손실은 여러 분야에서 많이 발생한다.

피스톤과 피스톤 링 등에서 발생하는 마찰에 의한 손실 에너지는 엔진 전체의 약 30~40%를 차지할 정도로 큰 영향을 미친다고 할 수 있다.

연소실 안에서 발생되는 압력에 의하여 실린더 벽면과 피스톤 링이 접촉될 때 마찰에 의한 열은 대단하기 때문에 피스톤의 상하 움직임을 부드럽게 하여 마찰 손실을 줄이는 일이 무엇보다도 중요 하지만 이러한 점들이 아직 미완성이라고 말할 수 있다.

05 강력한 압축을 얻으려는 노력으로 피스톤 헤드의 홈은 밸브와 맞닿는 것을 피하기 위함이며, 헤드 면이 편평한 이유는 연소실 내에 잔류 배기가스가 남지 않도록 하기 위해서다.

06 압축을 만들어내는 결정적인 역할을 담당하는 피스톤 링이 완성되기 까지는 크랭크축, 커넥팅 로드(컨로드), 피스톤, 실린더 등의 연동된 시스템으로 이 작은 피스톤 링이 정상적인 역할을 할 수 있도록 함으로써 결정적인 연소실 압력을 증가시킬 수 있다.

07 엔진이 작동하면서 손실 에너지가 가장 많은 실린더 블록 내면과 피스톤, 피스톤 링

(2) 크랭크축*crank shaft*

크랭크축에 연결되는 커넥팅 로드*connecting rod*와 연동되어 회전하고 있는 각종 부품들의 마찰 손실을 줄이는 일이 아주 중요하다.

왜냐하면 엔진이 회전하면서 금속끼리 부딪히게 되면 큰 저항이 생기고 심할 경우에는 오일 막이 파괴되어 메탈*metal*이 눌어붙는 현상이 발생할 수 있기 때문이다.

힘의 근원이라고 할 수 있는 크랭크축은 전체적인 밸런스가 잘 이루어져야 하며, 메탈이 눌어붙지 않는 범위에서 얼마만큼 핀과 저널 지름

08 실린더 블록은 어떠한 경우라도 크랭크축이 완벽하게 회전할 수 있도록 보장되어야 한다. 만약 조금이라도 실린더 블록에 변형이 있게 되면 엔진 전체가 뒤틀어지게 되기 때문이다.

을 축소할 수 있는가가 출력 향상에 대단히 중요
한 부분이라고 할 수 있다.

  특히 폭발 후 크랭크축에 가해지는 하중은 대
단히 크기 때문에 윤활유가 베어링류의 저항을
작게 하여 부드럽게 회전하도록 함으로써 손실 에
너지를 줄이게 된다.

09 실린더 블록에 조립되는 크랭크축은 힘의 근원이다.

10 상단부와 하단부의 무게가 불규칙한 커넥팅 로드 그리고 커넥팅 로드와 피스톤을 연결하는 피스톤핀은 상하로 작동되면서 진동을 일으키고, 커넥팅 로드는 상하 또는 불규칙한 회전으로 요동치는 등 엔진 밸런스 부분에서 가장 까다로운 부품들이라고 할 수 있다.

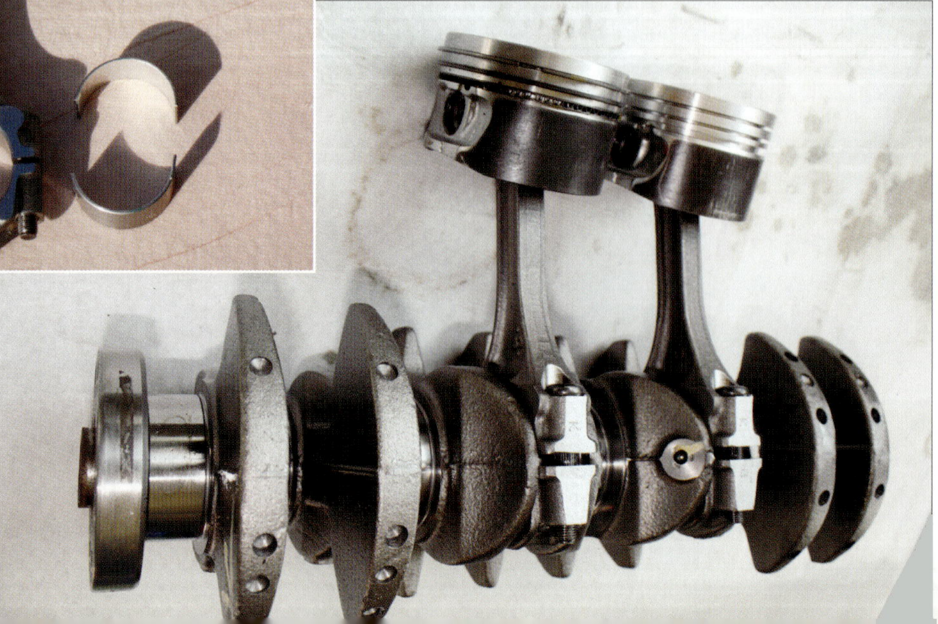

(3) 피스톤과 스커트의 마찰 손실

엔진의 튜닝에 있어서 엔진을 고속으로 회전하기 위해서는 피스톤의 스피드를 높이는 일이며, 출력 향상을 위해서 피스톤의 스피드를 어디까지 높이느냐가 고출력, 고속회전 엔진의 중요한 포인트라고 할 수 있지만 피스톤의 스피드를 높이면 마찰 손실 또한 그만큼 커지게 된다.

피스톤과 피스톤 링이 실린더 벽과의 마찰 손실이 커지면 고출력화의 의미가 없어지기 때문에 여러 가지의 테스트를 통해서 적정한 피스톤의 스피드를 선택하여야 한다.

11 무리한 스커트 절단과 압축 등에 의해 파손된 피스톤

12 내구성이 강하고, 경량화된 단조 피스톤**좌**과 일반 엔진에 장착되는 주조 피스톤**우**

고출력 엔진에는

주로 단조 피스톤을 사용하고 있다. 그 이유는 무게가 가볍고 내구성이 강하며, 고온에도 열에 의한 변형이 크지 않기 때문이다. 제작 과정이 복잡하고 고가이기 때문에 일반 양산 엔진에는 적용 하지 않고 있다.

06 첨단 소재에 따른 각종 부품 경량화

고성능으로 엔진을 튜닝하기 위해서는 엔진의 경량화도 한몫을 하게 된다. 아무리 좋은 엔진이라도 무거우면 모든 면에서 손해다.

엔진 부품의 경량화는 가벼운 재료의 선택과 불필요한 구조를 정밀하게 깎아내는 방법 등이 있으며, 엔진의 경량화는 각종 엔진 부품의 무게를 줄이는 것과 엔진의 구동에 걸리는 각 구성 파트의 중량 부하를 최소화하는 경우이다.

01 주물로 제작된 실린더 블록은 무겁고, 방열효과 등이 알루미늄 실린더 블록에 비해서 떨어진다.

알루미늄으로 제작된 실린더 블록은 열이 가장 많이 발생되는 연소실 부분에 냉각수가 고르게 흐르도록 설계 하여, 일정한 냉각효과를 유지할 수 있도록 노력 하였다. **02**

03 피스톤 경량화는 주로 스커트 부분과 피스톤 내면의 군살을 가공하여야 한다.

04 피스톤과 커넥팅 로드를 연결하는 피스톤 핀의 경량화에도 고려하여야 한다.

05 충격을 주면 쉽게 깨지는 알루미늄 합금으로 된 주조 피스톤

(1) 피스톤 경량화

고성능 엔진에서 왕복운동을 하는 부품이 바로 피스톤이며, 피스톤의 경량화를 위해 노력하는 이유는 손실 에너지를 줄여 높은 출력을 얻어내기 위해서이다.

피스톤의 경량화를 위해서는 여러 가지 고려할 부분들이 많다. 그러나 피스톤의 외관을 가공할 때 잘못하면 실린더와 피스톤 사이에서 가스가 누출되는 문제가 발생할 수 있으므로 가공을 하는 경우 안쪽이나 스커트 부분에 한정되어야 한다.

피스톤 안쪽을 깎아서 두께를 얇게 할 경우 필요한 강도를 확보할 수 있도록 노력하여야 하며, 특히 고열에 의한 피스톤 헤드부분의 변형 등도 충분히 고려하여야 한다. 다시 말해서 피스톤 헤드의 안쪽을 깎아서 무게를 줄이게 되면 연소실의 폭발 압력에 의해 피스톤이 변형이 될 수 있다.

그동안 기술의 발전으로 요즘에 양산되고 있는 일반 피스돈의 제조 기술은 상당한 수준이다. 불필요한 군살이 거의 없을 정도로 정교하게 개발되고 있는 것은 그만큼 피스톤이 상하로 왕복하는 과정에서의 진동과 마찰에 대한 손실이 대단히 크기 때문이다.

양산되는 피스톤은 알루미늄 합금으로 된 주조 제품이다. 내구성이 약하며, 단조품과는 강도가 크게 다르기 때문에 주조 제품의 피스톤을 단조 제품의 조건에 적용하는 경우가 종종 있는데 이것은 아주 위험하다.

만약에 엔진이 고속회전으로 작동되는 과정에서 피스톤이 깨지게 되면 엔진 전체를 사용할 수 없게 되는 큰 문제가 발생한다.

결론을 말한다면 피스톤의 튜닝 기술은 상당한 수준으로 많은 노력이 필요하다. 기본적으로 해야 할 일은 내구성은을 물론이며, 피스톤의 일정한 무게는 당연시 하여야 한다.

전반적으로 피스톤의 무게가 한쪽으로 편중되지 않도록 하여야 사용 목적에 만족할만한 피스톤의 튜닝이라 할 수 있다.

06 망치로 충격을 줘도 잘 깨지지 않은 단조 피스톤

같은 충격으로 비교되는 주조 피스톤좌과 단조 피스톤우

07

(2) 밸브 튜닝 *valve tuning*

엔진의 튜닝에 있어서 밸브는 고속회전의 영역에서 매우 중요하다.

엔진의 튜닝을 완성하기 위해서는 밸브 개폐 장치의 역할이며, 지금까지의 과정이 잘 되었어도 밸브가 그 역할을 담당을 하지 못하면 고속회전의 영역에서 높은 출력을 기대하기 어렵다.

엔진의 튜닝은 주로 양산 엔진의 한계를 벗어나기 때문에 고속회전에서 밸브의 기능을 원활하게 이루어지도록 하기 위해서는 밸브 스프링을 강화하거나 밸브의 무게를 줄이는 방법이다.

09 튜닝 전과 튜닝 후의 밸브 헤드 부분은 압축과 연결되는 민감한 부분이기 때문에 사진과 같이 헤드 부분을 가공하게 되면 압축이 떨어지게 된다. 또한 일정하게 헤드 부분이 가공되지 않으면 각 기통마다 압축이 언밸런스가 되기 때문에 주의하여야 한다.

08 튜닝 전과 튜닝 후의 밸브 R 부분의 비교

10 일반 양산 밸브

공기 흐름이 잘될 수 있도록 튜닝된 밸브 **11**

(3) 밸브 스프링과 밸브

밸브 스프링을 강한 것으로 선택하게 되면 고속 회전까지 영역이 가능하지만 스프링이 강하게 되면 그만큼 마찰에 의한 손실이 커지기 때문에 필요한 강도를 선택해야 하는 노력이 필요하다.

왜냐하면 필요 이상으로 밸브 스프링이 강하게 되면 고속회전에서의 손실이 너무 크기 때문이다. 그래서 밸브의 경량화는 매우 중요하며, 사용 목적에 따라 최대한으로 가볍게 하려는 노력이 필요하다.

경주용 엔진이나 스포츠카의 경우 일부 엔진에는 밸브를 매우 가벼운 티타늄으로 교환하기도 하는데 이는 앞에서 서술한 것처럼 밸브를 가볍게

만 해도 기존의 상태에서 회전속도를 더 높일 수 있기 때문이다. 그리고 배기 밸브는 흡기 밸브에 비해서 높은 열을 유지한 상태에서 개폐를 담당하기 때문에 배기 밸브의 재료는 주로 중공의 나트륨 봉입 타입을 선호하지만 기존 밸브의 가공을 잘하면 큰 문제는 없다.

그 이유는 배기 밸브를 흡기 밸브와 비교할 경우 R형상이 많이 두텁기 때문에 이 부분을 가공해줌으로써 경량화가 가능하기 때문이다.

밸브는 연소실 안에서 작동되기 때문에 매우 악조건 속에서 역할을 담당하고 있는 부품 중에 하나이다. 만약 밸브에 문제가 발생 된다면 엔진에 큰 손상을 주기 때문에 장시간을 가혹하게 무리한 운행을 하여도 밸브의; 고장은 거의 없을 정도로 안전을 위해서 충분한 마진을 주게 되는 부분이 바로 밸브일 것이다.
흡입 밸브와 배기 밸브는 크기도 다르지만 재질도 많이 다르다. 그 이유는 혼합기 쪽인 흡입 밸브는 낮은 온도에서 작동하게 되고 반대로 폭발 후에 연소가스를 배출시키는 배기 밸브와의 온도 차이는 같은 연소실 안에서 작동되고 있지만 크게 다르기 때문이다.

12 일반 양산 밸브와 공기 흐름이 매끄럽게 이루어지도록 연마된 튜닝 밸브

13 고속회전의 영역에서는 밸브 스프링의 강도에도 신경을 써야하지만 그렇다고 무리하게 스프링을 강하게 하면 그만큼의 손실이 발생되기 때문에 필요 이상으로 스프링이 강해지는 것은 옳지 않다.

14 흡 · 배기 밸브와 밸브 스프링

07 각종 부품의 밸런스에 의한 성능 향상

고성능으로 엔진을 튜닝하기 위해서는 엔진 전체의 밸런스는 빠트릴 수 없는 중요한 부분이다.

양산된 엔진은 완벽한 밸런스의 정확도와 정밀함 보다는 생산성과 원가 절감 등에 더 많은 부분을 차지하는 경향이 있다.

양산 엔진이라고 하면 자동화 시스템에 의해서 조립되는 엔진들을 말하며, 완벽한 고성능의 엔진으로 튜닝하기 위해서는 매우 정밀한 밸런스의 점검이 요구된다.

밸런스 조건이 까다로운 커넥팅 로드^{컨로드}는 피스톤의 직선 왕복운동을 크랭크축에 전달하면서 밸런스가 유지되어야 진동이 없는 고속회전이 가능하기 때문에 많은 연구와 노력이 필요한 것이다.

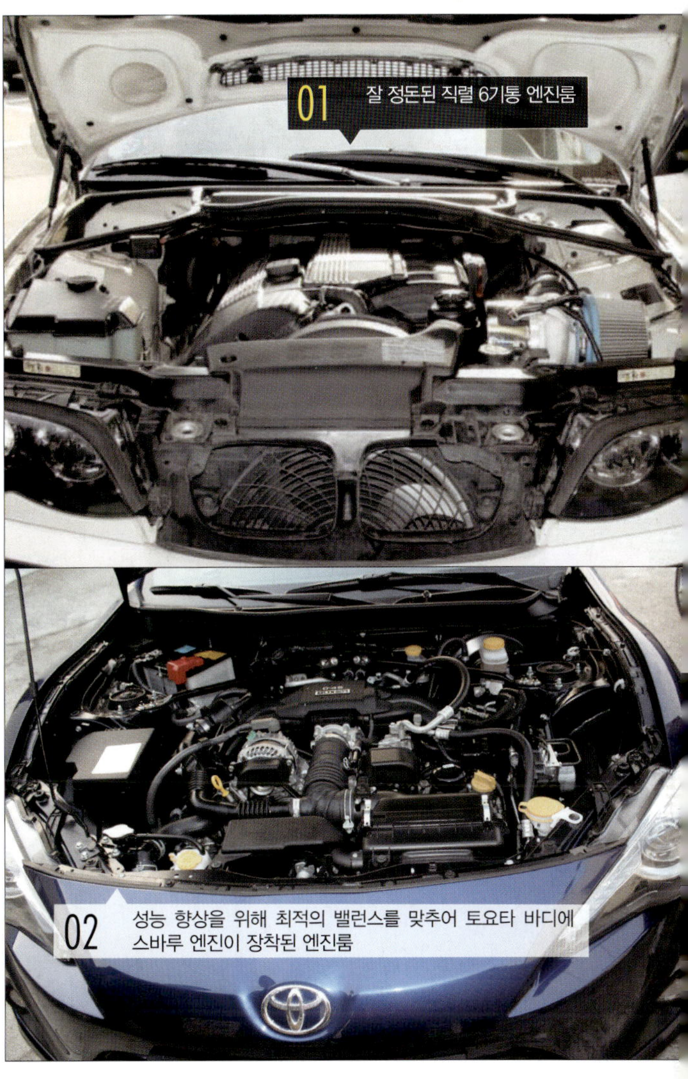

03 크랭크축과 커넥팅 로드로 연결된 피스톤

> **Reference**
>
> 경량화된 부품은 엔진의 밸런스에 아주 작은 오차에도 민감하게 반응하기 때문에 경량화 부품을 사용하였다면 엔진의 밸런스를 최우선적으로 점검 하여야 한다.

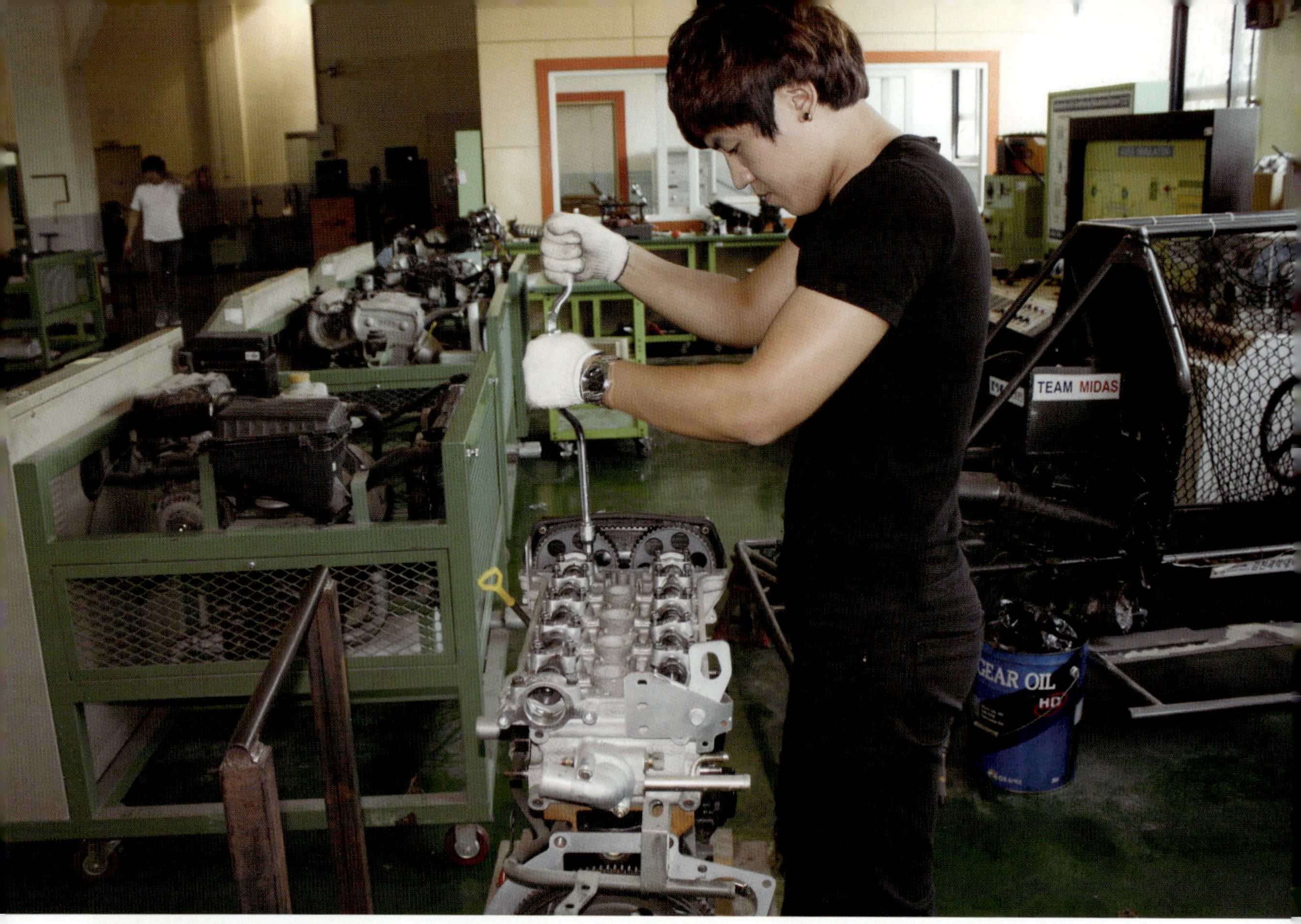

Engine Tuning
실린더 헤드 튜닝

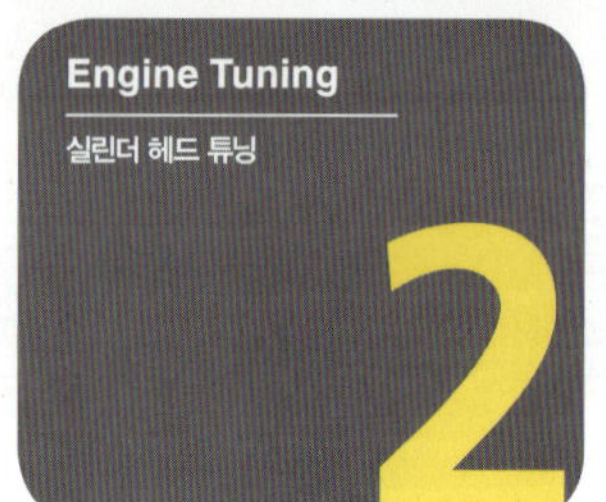

2

실린더 헤드 튜닝

이번 챕터에서는 실린더 헤드의 튜닝에 대해서 알아보자. 고성능 엔진으로 튜닝을 완성하기 위해서는 매우 중요한 부분이 헤드 튜닝이라고 할 수 있다. 흡입, 압축, 폭발, 배기의 4행정 엔진에 있어서 헤드 튜닝은 엔진을 튜닝하는 데 있어서 어느 부분보다도 섬세하고 정밀해야만 고출력을 얻을 수 있기 때문이다.

헤드 튜닝을 시작할 때는 기본을 잘 이해하고 저속보다는 고속회전에서의 흡입과 배기가 잘 이루어질 수 있도록 세심한 노력을 기울여야 한다.

엔진 튜닝에 있어서 헤드의 역할은 흡입은 물론 폭발 후에도 진행되는 배기 시스템이 원활하게 이루어져야만 고성능의 엔진을 완성할 수 있다는 것을 명심해야 한다.

엔진의 종류는 2종류가 있는데, 공랭식 엔진과 수냉식 엔진으로 구분되고 있다. 공랭식 엔진은 스포츠카의 대명사라고 할 수 있는 포르쉐 엔진 등에 일부 적용되어 왔으나 기술의 한계에 부딪친

01 실린더 블록과 맞닿는 헤드 연소실 면	**02** 캠축이 조립되어 밸브를 컨트롤하는 실린더 헤드
03 실린더 블록에서 헤드로 연결되는 냉각수 라인	**04** 방열 핀에 의해서 열이 냉각되는 공랭식 엔진

탓에 지금은 수냉식 엔진이 주종을 이루고 있다.

포르쉐 자동차에 장착되었던 공랭식 엔진은 라디에이터 등이 없어 형식은 간단하지만 고성능의 엔진으로 튜닝하는데 있어서 중요시 되는 엔진에 미치는 열의 기복이 심한 탓에 그 한계를 극복하지 못하고 오늘날에는 수냉식 엔진을 주로 생산하고 있다. 좁은 공간에서 아주 유리한 공랭식 엔진이었시만 고성능을 빌휘해야 하는 스포츠가 엔진에 미치는 불규칙한 열을 그들은 해결하지 못했던 것이다.

수냉식 헤드의 구조는 실린더 블록에서 올라온 냉각수가 순환하여 헤드의 높은 열을 냉각수로 식혀주는 간단한 방식이지만, 엔진 전체의 열을 냉각시키지 못하면 일정한 출력을 기대할 수가 없으며, 특히 실린더 헤드 전체의 열이 일정하도록 냉각시켜야만 노킹을 방지하고 고성능의 엔진으로 튜닝을 기대할 수 있기 때문에 헤드의 튜닝은 아주 중요하다.

05 워터 펌프에 의해 강제적으로 냉각수를 이동시켜 열이 냉각되는 수냉식 시스템

Reference

공랭식 엔진은 라디에이터와 냉각수 등이 필요 없기 때문에 상당히 간단하지만 엔진 오일과 방열 핀 등으로 엔진의 열을 냉각시기에는 그 한계가 있으며, 특히 고열에서의 기복이 심한 단점이 있기에 그동안 공랭식 엔진의 대표적이었던 포르쉐 자동차도 공랭식 엔진 시스템에서 한계를 느끼고 수냉식 엔진으로 전환하게 되었다.

01 실린더 헤드 *Cylinder Head* 튜닝

헤드 튜닝의 목적은 고성능의 엔진을 완성하는 것이지만 우리가 쉽게 접근하기에는 상당히 어려운 것 중에 하나가 헤드의 튜닝이라고 할 수 있다. 그러나 출력의 향상에 필요한 핵심 부품들이 하나로 연동되어 작동되는 등 복잡한 구조 때문에 일반기계 조작 등으로 헤드 튜닝을 하는 것에는 한계가 있다.

그래서 헤드 튜닝의 매력은 기계로 할 수 없는 일을 사람의 손으로 세심한 부분까지 관찰하여 필요한 부분만을 손질하기 때문에 헤드 전체를 충분히 이해하고 튜닝에 접어들게 된다면 고성능의 엔진을 완성시킬 수 있다.

헤드 튜닝은 인테이크 *Intake* 시스템의 튜닝과 마찬가지로 공기의 흐름에 간섭을 주지 않고 필요한 양의 공기가 신속하게 연소실로 이동하여 고출력을 발휘할 수 있도록 하는 일이 무엇보다 중요하다.

고출력의 엔진을 만들기 위한 시작은 엔진에서 요구되는 혼합기를 최대한 빠른 속도로 연소실 안에 유입시고 폭발 후의 배기가스를 신속하게 배출시켜 연소실에 잔여가스가 없도록 하여야 한다.

보통 대량으로 양산되고 있는 헤드는 흡기와 배기 시스템이 불규칙한 경우가 있는데 이렇게 되면 각 기통마다 엔진의 출력이 일정하지 못하고 흡기와 배기가 진행되는 과정에서 출력이 소모되는 경우가 많기 때문에 이점에 대하여 참고하여야 한다.

헤드 튜닝에 있어서 외부에서 공기와 혼합기가 들어오는 흡입라인과 폭발 후 배기로 이어지는 라인까지를 참고 삼아 헤드의 튜닝에 임하는 것이 좋다.

02 튜닝 전 실린더 헤드

09

| 04 | 흡기라인이 전면으로 되어 있는 엔진과 흡기라인이 뒤로 되어있는 엔진 | 05 | 실린더 헤드에 조립이 되어 있는 배기관의 길이가 불규칙하여 배기의 간섭을 받게 되는 배기 매니폴드 형상 |

10

양산 엔진은 출력에 다소 지장을 주는 경우가 있어도 대량 생산을 하기 때문에 그냥 지나치는 경우가 있다. 우리는 이러한 부분에 관심을 가지고 노력하여야 하며, 엔진 전체를 잘 관찰하여 그 마진**여유분**을 찾아내는 것이 무엇보다 중요하다.

헤드 튜닝은 헤드의 두께를 얇게 가공하여 압축비만 높여도 간단하게 출력을 상승시킬 수 있다는 것은 일반적인 상식으로 잘 알려져 있으며, 특히 헤드의 튜닝은 튜너의 개인 능력에 따라 출력 상승의 차이가 크다고 할 수 있다.

헤드 튜닝은 주로 수작업으로 가능하기 때문에 많은 시간을 필요로 하는 단점이 있지만, 고성능의 엔진으로 이끌어 낼 수 있는 것이 곧 헤드 튜닝의 매력이라고 할 수 있기 때문이다.

그리고 헤드 튜닝은 엔진의 용도에 따라 튜닝 방법이 각각 다르기 때문에 사용목적에 준하여야 한다.

캠샤축의 특성과 자연 흡기식 일반*NA* 엔진과 터보*Turbo* 엔진의 튜닝 방법이 조금은 다르지만 무엇보다 정확한 엔진의 성능을 알아내기 위해서는 실제 주행 테스트나 다이나모 테스트를 통하여 정확하게 그 정답을 찾아야 한다.

07 튜닝 후에 이루어지는 엔진의 성능은 실주행 테스트나 다이나모 머신 등에 의해 성능과 내구성 등이 참고 되어야 한다.

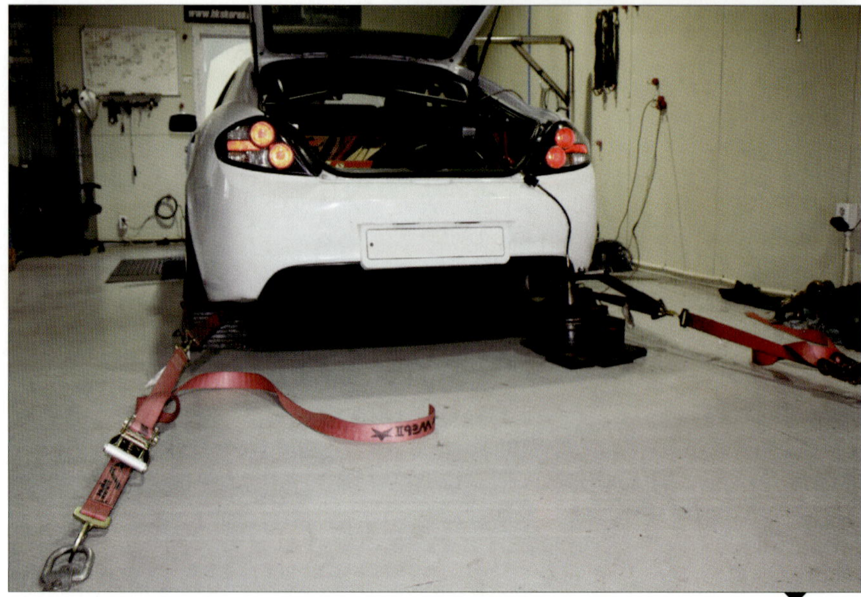

다이나모*dynamo* 테스트와 그래프 08

Reference

아무리 첨단 장비라고 하여도 정확한 데이터를 얻기란 쉽지가 않다.
그 이유는 같은 엔진이라도 다이나모 테스트 머신이 제조회사 별로 조금은 차이가 있으며, 가솔린 옥탄가, 변속 타이밍, 조작하는 방법, 엔진의 과열 상태, 날씨의 온도 차이에 따라서 각각 데이터에 차이가 있기 때문에 보통 여러 번을 반복하여 그중에서도 성능이 가장 좋은 것과 성능이 가장 낮은 것을 제외한 나머지 평균으로 나누면 정확도를 좀 더 높게 평가 할 수 있다.

엔진의 튜닝은 짧은 시간에 레이스가 끝나는 드래그 레이스*drag race*와 장거리를 질주하는 랠리 레이스*rally race*는 그 성격이 많이 다르기 때문에 압축비와 헤드 전체의 내구성 등이 충분히 참고 되어야 하며, 헤드의 튜닝이 완성되면 실주행 테스트와 비슷한 엔진 토크와 최대 출력을 확인할 수 있는 다이나모 테스트 머신을 통해서 엔진 성능의 변화를 측정하여 판단하게 된다.

그러나 고성능의 엔진으로 튜닝을 하기 위해서는 기본을 중요시 하여야 하며 그에 알맞은 엔진 튜닝이 이루어져야 한다. 그 이유는 내구성이 최우선이며, 추구하고자 하는 목적에 맞추어 엔진의 튜닝이 완성되어야 하기 때문이다.

09 기계로 불가능한 헤드 내면은 주로 수작업으로 마무리 한다.

엔진의 튜닝에 있어서 기본을 이해하지 못하고 자기방식 대로 튜닝이 이루어진다면 실패할 확률이 매우 높기 때문에 무리한 모험은 절대 금물이다.

헤드와 함께 연동되어 작동되는 각종 부품은 하나하나가 매우 정교하게 제작되어있다. 그렇기 때문에 기본에 충실하지 못하게 되면 엔진에 크나큰 손실을 줄 수 있기에 세심한 주의가 필요하다.

캠각을 조절하여 고속회전에서의 성능을 완성시키는 하이 캠축 **01** ▶

03 열가의 조절로 연소 효율을 높여 주는 점화 플러그

02 헤드에 조립되어 있는 흡기와 배기 밸브 시스템

04 대용량 인젝터 *injector* 시스템

고속회전 영역이 가능한 밸브 시스템 **05**

06 두께를 조절하여 연소실의 압력을 높여주는 헤드 가스켓

07

밸브는 흡입 - 압축 - 폭발 - 배기의 4행정이 연동되어 작동되며, 혼합기가 연소실 안으로 흡입되고, 연소 후에 이어지는 강력한 폭발 가스를 외부로 배출시키는 개폐 작용을 밸브가 담당 한다.

고성능의 엔진으로 튜닝을 하는 것은 단순한 작업이 아니라 성능 향상을 목적으로 하고 있기 때문에 똑같은 크기의 엔진을 가능한 마진튜닝이 가능한 여유분, 영역을 찾아내어 성능을 향상시키는 일이다.

보통 흡기 밸브가 지름이 크고, 배기 밸브가 작은 이유는 흡입 효율을 높이기 위함이며, 폭발 후에 배기속도는 초음속으로 배출되기 때문에 배기 밸브가 조금 작아도 큰 문제가 없기 때문이다.

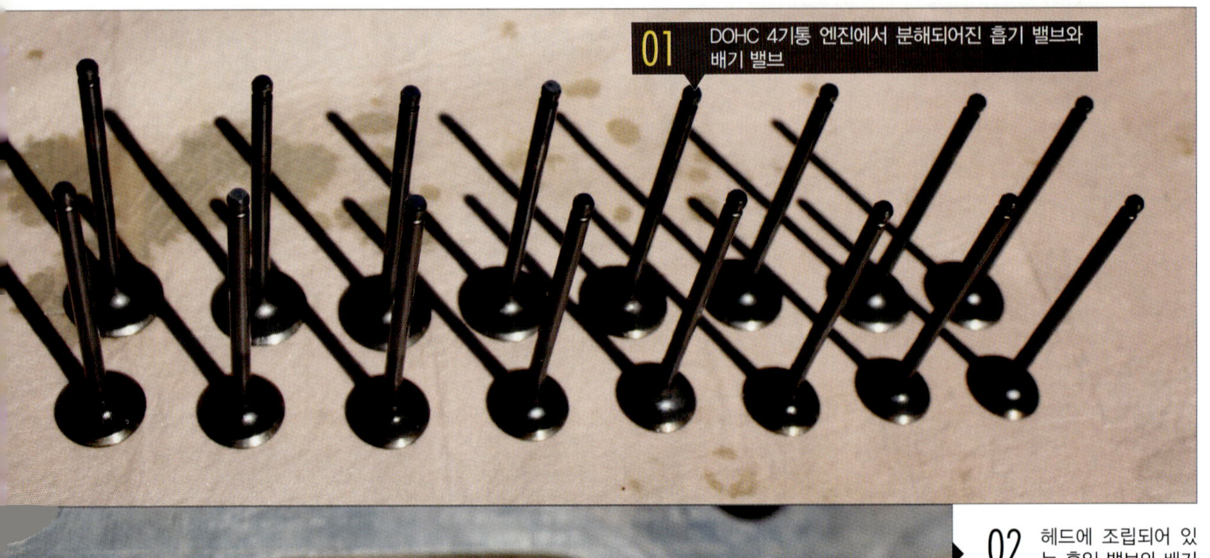

01　DOHC 4기통 엔진에서 분해되어진 흡기 밸브와 배기 밸브

02　헤드에 조립되어 있는 흡입 밸브와 배기 밸브는 매우 가혹한 상태에서 계폐작용을 한다.

그리고 흡입 밸브와는 다르게 배기 밸브는 약 1200℃ 이상의 매우 높은 고온에서 작동되며, 강력한 배출 압력 등에도 견뎌내야 하기 때문에 흡입 밸브에 비해서 배기 밸브는 매우 강한 재질로 제작되어 있다.

엔진의 출력 향상은 밸브 헤드 지름의 크기에 따라서 차이가 나며, 밸브 지름이 클수록 효율이 좋기 때문에 고성능의 엔진으로 튜닝하는데 있어서 유리하다고 할 수 있다.

그러나 고속회전에서 밸브의 역할은 분명해야 하며, 흡입과 배기 밸브가 닫혀 있을 때는 어떤 경우든 압축의 누설이 없어야만 출력의 향상에 큰 도움이 되기 때문에 이점에 대하여 유의해야 한다.

흡기 밸브와 배기 밸브 크기 비교 03

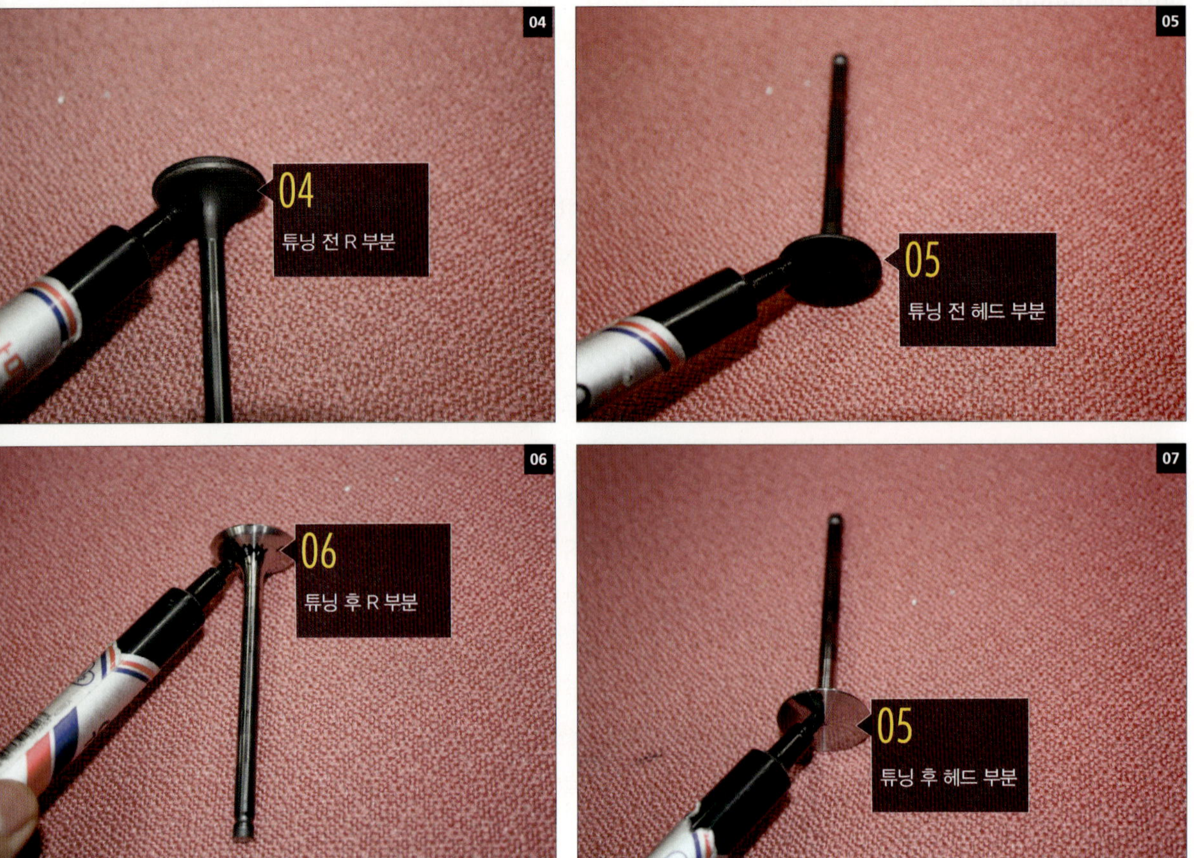

그리고 밸브와 밸브 시트 등 주변을 연마할 때 는 흡입과 배기가 쉽게 흐르도록 매끄러운 형상으로 손질 하여야 하며, 이는 튜너가 원하는 영역에서 연마의 필요성 여부를 확인하여 신중히 작업하여야 한다.

하나의 예를 든다면 작동 중에 밸브가 휘어지게 된다면 엔진의 크나큰 파손으로 이어지게 된다. 밸브 파편 등이 피스톤과 실린더는 물론 헤드까지 피해를 주게 된다면 엔진의 튜닝은 완전히 실패로 돌아가기 때문이다.

따라서 이 모든 것들을 잘 숙지하여 엔진의 튜닝을 하여야만 경비와 시간을 줄여주게 되며, 이중의 고충이 없어지게 된다. 그리고 흡기 밸브와 배기 밸브의 크기에 차이가 나는 이유는 배기 밸브가 흡기 밸브와 같거나 더 크다고 하더라도 출력에는 별 도움이 없으며, 배기 밸브는 폭발에 의해 배출되는 압력이 훨씬 높기 때문이다.

04 연소실*Combustion Chamber* 튜닝

연소실에서의 폭발에 의한 강한 압력은 엔진 성능의 근원根源이다. 연소실은 실린더 헤드와 피스톤 헤드 사이의 아주 작은 공간에서 혼합기의 폭발로 인하여 피스톤 헤드에 강력한 압력이 시작되는 곳이다.

그렇기 때문에 될 수 있는 한 연소실의 공간을 작게 하여 압축비를 높게 하게 되면 출력이 증가하지만 그렇다고 압축비를 한계 이상으로 높이게 되면 노킹현상이 일어나므로 주의 하여야 한다.

흡입라인을 통하여 연소실로 이동되는 혼합기는 흡입되는 압축 공기로 **터보차저 시스템** 인해 연소 효율을 더욱 높일 수가 있지만 연소실의 흡기와 배기의 저항을 최소한으로 줄여주어 소통이 잘될 수 있도록 간섭이 될 수 있는 것들에 대하여 세심하게 신경을 써야 한다.

특히 연소실의 흡기 밸브와 배기 밸브는 아주 중요한 일을 담당하지만 반대로 생각해 본다면 밸브 헤드가 연소실 내부에 차지하는 비율이 높으며, 밸브 헤드의 일부분이 흡기와 배기 과정에서 저항이 발생되기도 한다는 것이다.

그렇기 때문에 우리는 이러한 저항을 조금이라도 줄일 수 있도록 많은 노력을 해야 하며, 앞에서 서술했듯이 연소실의 공간이 줄어들면 압축비가 높아지게 되는데 헤드의 연마 작업을 할 경우 전체적으로는 약 0.5~1mm 정도까지 연소실의 공간을 낮게 할 수 있다.

이렇게 되면 플러그 위치에서 피스톤 헤드와의 거리가 짧아지게 되어 더욱 강력한 폭발 압력으로 인하여 출력의 상승효과가 크기 때문에 헤드의 튜닝에 있어서 일정한 목표까지의 연소실 압축을 높여주는 일은 고성능의 엔진으로 튜닝하는데 있어서 아주 중요하다고 할 수 있다.

01 실린더와 블록 사이에 냉각수가 흐르도록 설계된 최신 공법의 실린더 블록

냉각수기 순환되는 냉각수 라인

03 헤드 가공에 필요한 각종 루터들

Engine Tuning
실린더 헤드 흡기 및 배기 튜닝

3

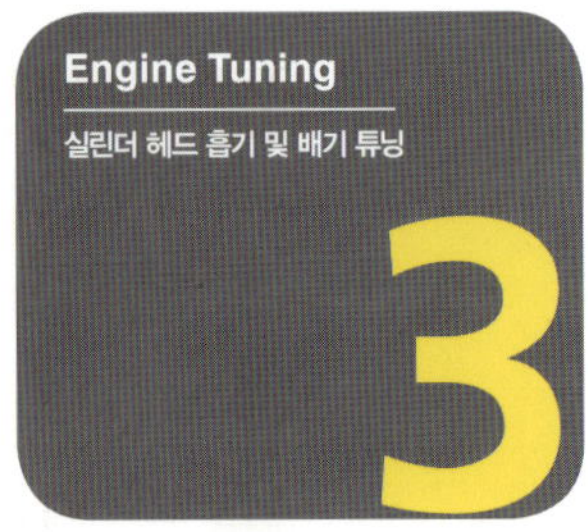

실린더 헤드 흡기 및 배기 튜닝

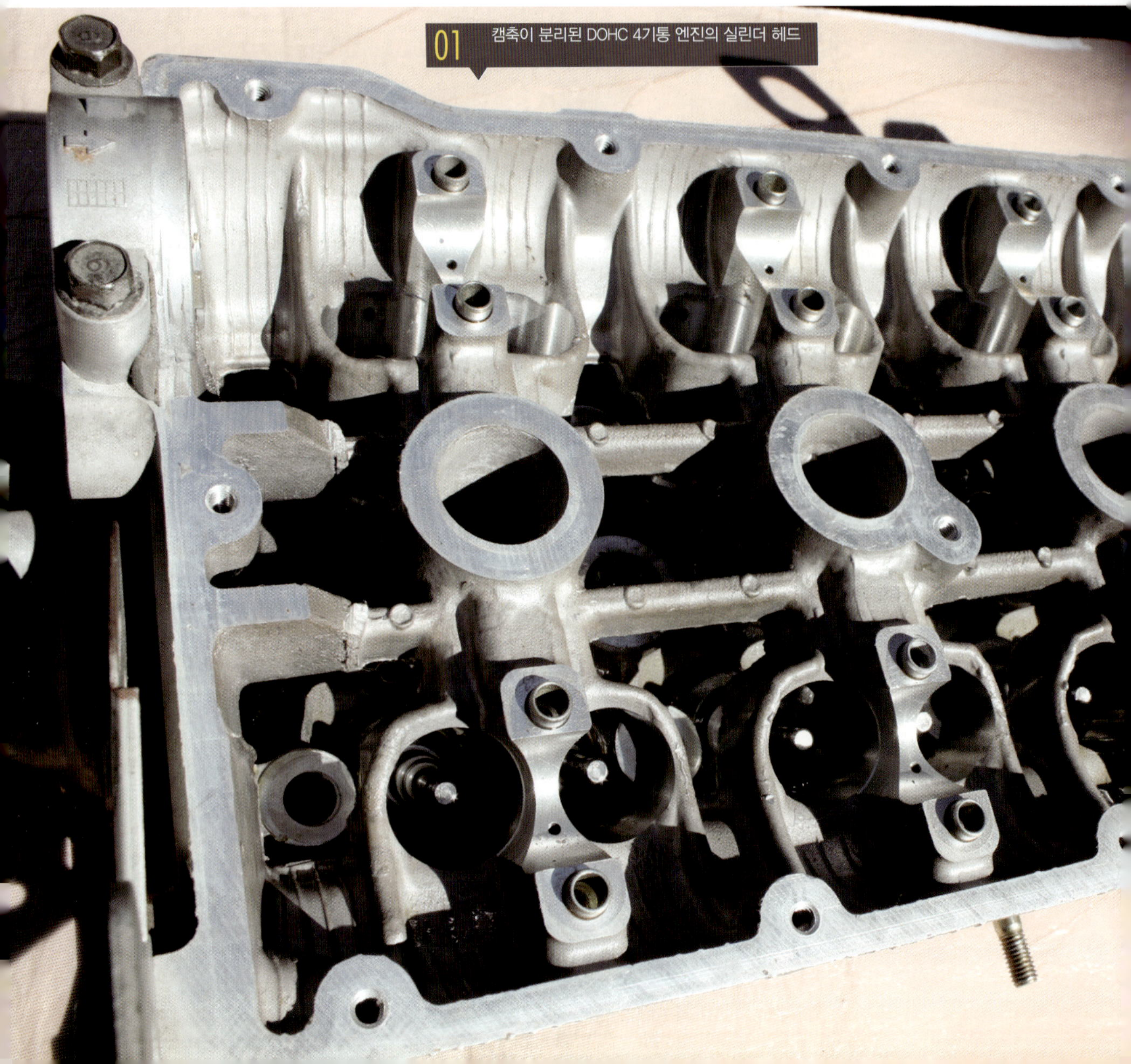

01 캠축이 분리된 DOHC 4기통 엔진의 실린더 헤드

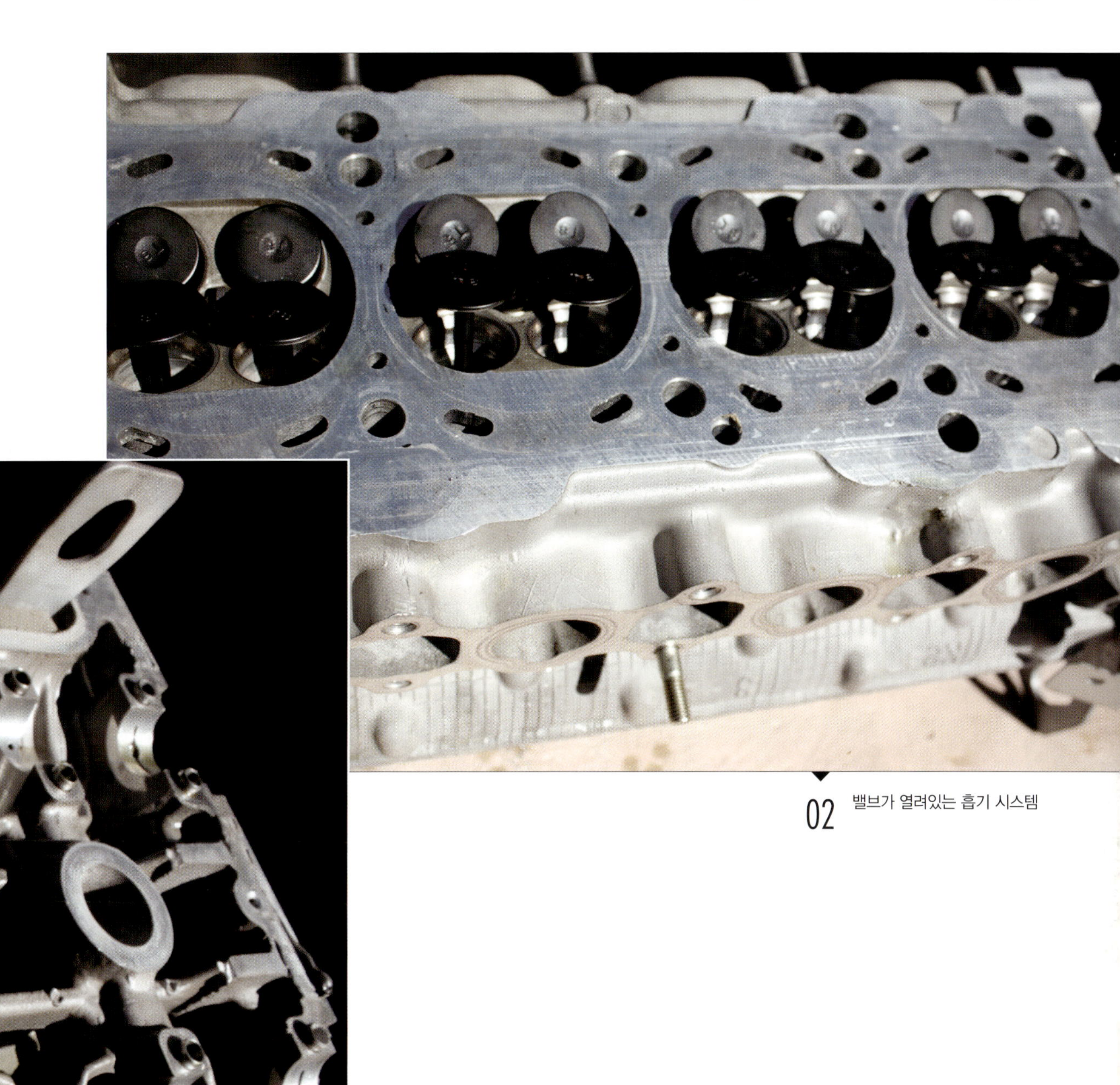

02 밸브가 열려있는 흡기 시스템

01 실린더 헤드의 흡기라인 튜닝

흡기라인을 통하여 헤드로 유입되는 많은 량의 공기를 빠른 속도로 연소실 안에 충족시키는 일은 그리 쉽지 않다. 그러나 이러한 문제를 해결하어야만 높은 출력을 낼 수 있다는 것을 우리는 앞에서 연구하였다.

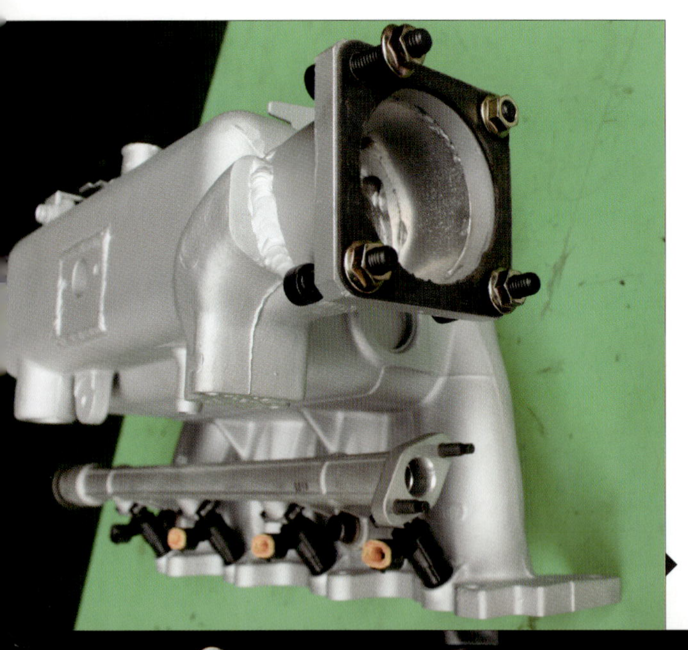

지금까지 일반 자동차에 많이 사용되어온 알루미늄으로 제작된 매니폴드의 내면은 매끄럽지 못하고 다소 거칠기 때문에 연소실로 이동되는 흡입 공기의 속도를 향상시키기 위해서는 매니폴드의 내면을 부드러운 상태로 만들어줄 필요가 있다.

▶ **03** 알루미늄*aluminium*으로 제작된 흡입 매니폴드

신소재 개발로 가벼운 내면이 매끄럽게 제작된 흡입 매니폴드 **04**

신소재를 사용하여 경량화를 이룬 흡입 매니폴드의 좋은 장점은 부드러운 내벽이 연소실로 이동되는 공기의 흐름을 가속화시켜 주게 된다.

헤드 전체를 덮고 있는 흡기 시스템은 상당히 고성능화된 흡입 매니폴드는 양산용이지만 이 방식은 흡입 효율을 높여주고 각 기통마다 일정한 공기를 연소실에 유입시켜 줌으로써 중·고속 회전에서 좋은 토크와 출력을 향상시키는데 노력하였다.

순간 흡입량을 늘려주어 고성능 엔진을 목표로 제작된 터보차저용 흡입 매니폴드이다.

02 실린더 헤드 흡기 포트 라인 튜닝

헤드의 흡기 포트 라인 튜닝의 목적은 많은 양의 흡입 공기가 빠른 속도로 연소실을 충족시켜주는 것이다. 그러기 위해서는 포트 라인 내면의 주물 찌꺼기나 미세한 요철부분을 루터*router*나 페이퍼*paper* 등으로 흡기쪽 밸브 부근의 라인을 부드럽게 가공하여 공기의 흐름에 저항을 주지 않도록 손질해줘야 한다.

고성능의 엔진으로 튜닝하는 것은 흡입 과정이 매우 중요하며, 흡입 밸브가 열리는 순간에 가능한 많은 공기가 연소실 안으로 유입될 수 있도록 하여 연소실의 압력을 높여야 출력을 향상시킬 수 있기 때문이다.

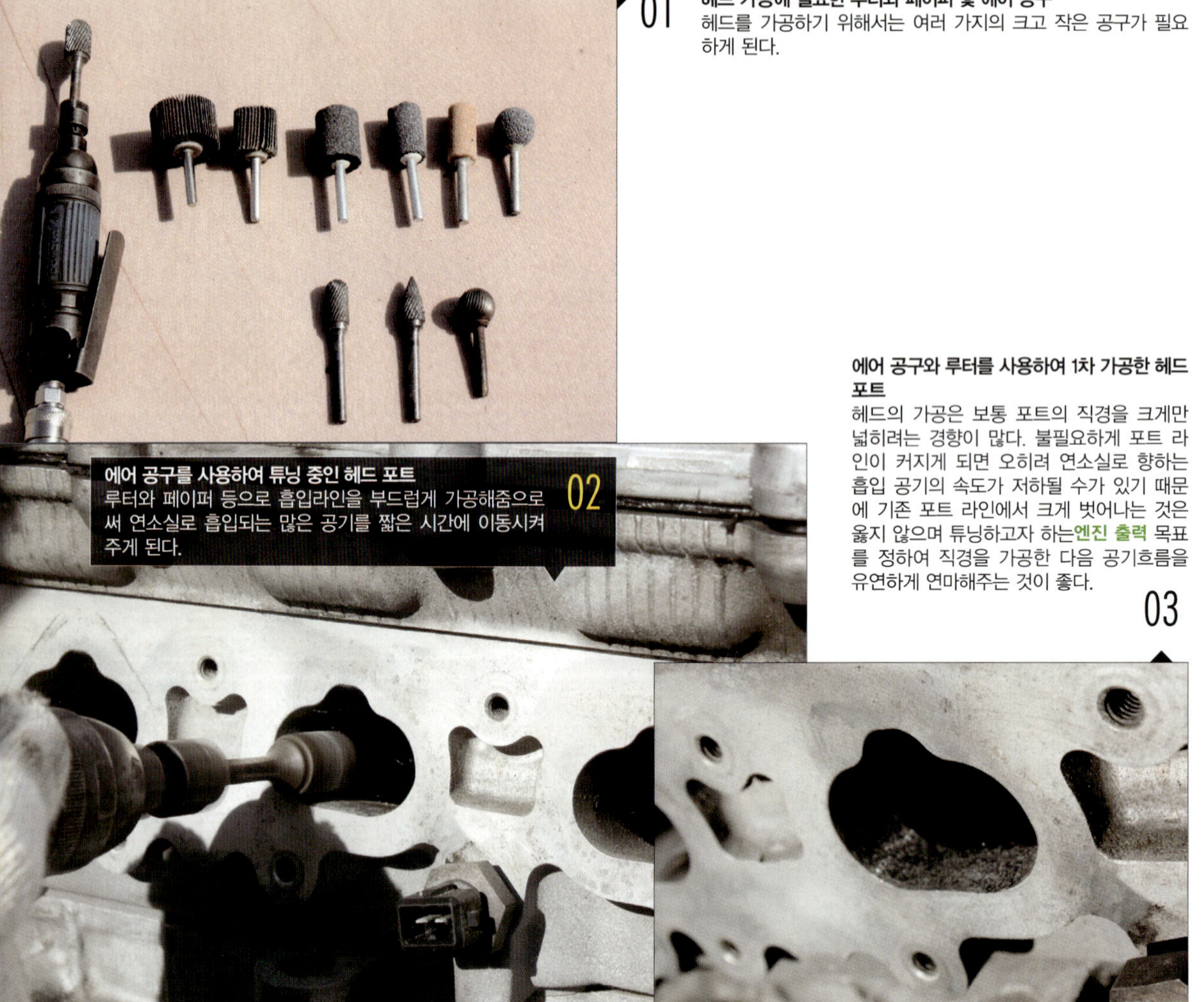

01 헤드 가공에 필요한 루터와 페이퍼 및 에어 공구
헤드를 가공하기 위해서는 여러 가지의 크고 작은 공구가 필요하게 된다.

에어 공구를 사용하여 튜닝 중인 헤드 포트
루터와 페이퍼 등으로 흡입라인을 부드럽게 가공해줌으로써 연소실로 흡입되는 많은 공기를 짧은 시간에 이동시켜 주게 된다. **02**

에어 공구와 루터를 사용하여 1차 가공한 헤드 포트
헤드의 가공은 보통 포트의 직경을 크게만 넓히려는 경향이 많다. 불필요하게 포트 라인이 커지게 되면 오히려 연소실로 향하는 흡입 공기의 속도가 저하될 수가 있기 때문에 기존 포트 라인에서 크게 벗어나는 것은 옳지 않으며 튜닝하고자 하는 엔진 출력 목표를 정하여 직경을 가공한 다음 공기흐름을 유연하게 연마해주는 것이 좋다. **03**

소실로 향하는 흡입 공기의 흐름이 잘 될 수 있
도록 보트 라인의 입구가 날카롭게 가공되어 있다.
이는 흡입 공기가 조금이라도 간섭을 받지 않고 연
소실 안에 충족시킬 수 있도록 노력한 것이다.

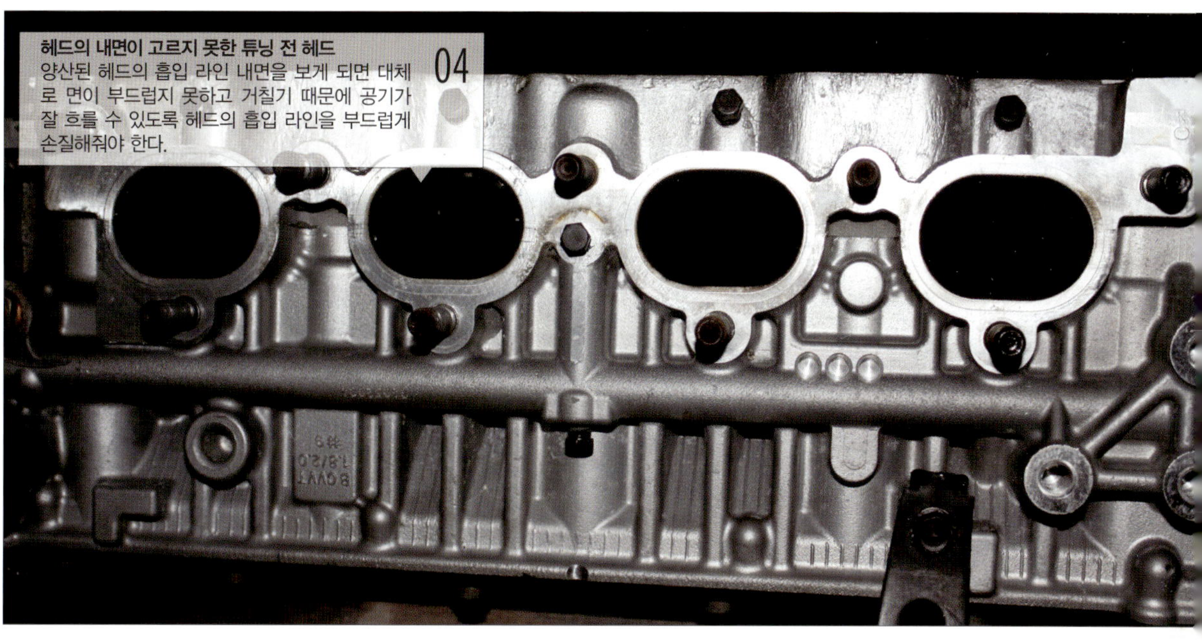

04 **헤드의 내면이 고르지 못한 튜닝 전 헤드**
양산된 헤드의 흡입 라인 내면을 보게 되면 대체로 면이 부드럽지 못하고 거칠기 때문에 공기가 잘 흐를 수 있도록 헤드의 흡입 라인을 부드럽게 손질해줘야 한다.

05 **수작업으로 부드럽게 튜닝된 헤드**
연소실로 향하는 흡입 공기의 흐름이 잘 될 수 있도록 보트 라인의 입구가 날카롭게 가공되어 있다. 이는 흡입 공기가 조금이라도 간섭을 받지 않고 연소실 안에 충족시킬 수 있도록 노력한 것이다.

(1) 그림으로 이해하는 시트 라인*sheet line*

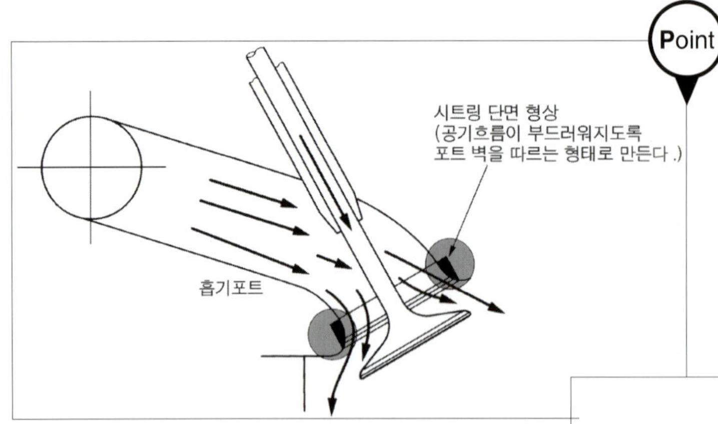

Point

시트 링 단면 형상

실린더 헤드 튜닝에 있어서 주의할 점은 포트 라인의 형상에 따라서 시트 라인의 형상도 일치 하도록 해야 하며, 이때 시트 링에 작은 턱이라도 생기게 되면 흡입 효율이 떨어지게 된다.

밸브 헤드부 형상

그림의 설명처럼 밸브 헤드 부분의 마진의 두께를 줄여주게 되면 밸브의 무게는 가벼워지지만 중요한 것은 연소실 압축이 약해지기 때문에 이점을 꼭 참고하여야 한다.

Point

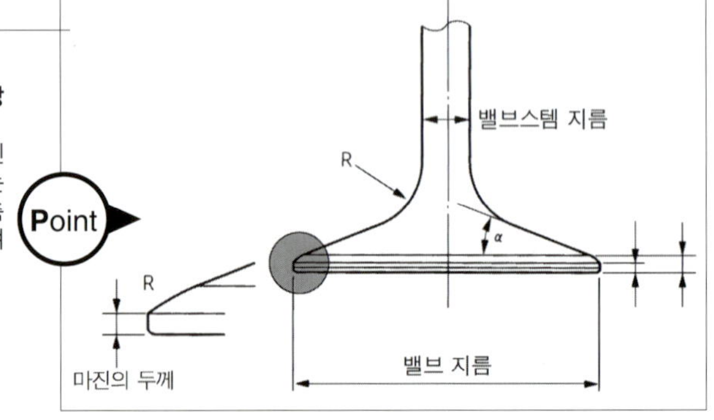

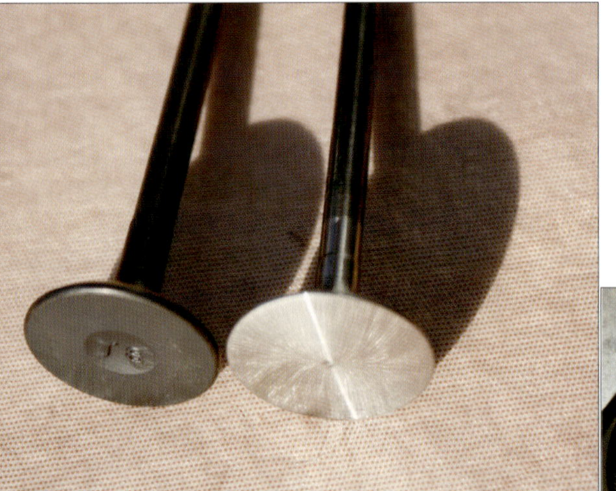

06 밸브 헤드를 튜닝하게 되면 마진의 두께가 얇아지기 때문에 그만큼의 압축비가 떨어지는 것까지를 계산하여 밸브 튜닝에 참고하여야 한다.

흡입 라인에 가이드*guide*가 돌출되어 있는 헤드 형상
최근에 생산되고 있는 엔진에도 돌출된 가이드가 공기의 흐름에 간섭을 주기 때문에 이 부분을 많이 신경을 쓰고 있다.

07

Reference
헤드의 포트 튜닝은 매우 신중하게 검토한 후에 진행하여야 한다. 기본 방식에서 많이 벗어나게 되면 오히려 좋지 않을 수가 있기 때문에 세심한 노력이 필요하다. 예를 든다면 흡입라인이 불필요하게 크게 하거나 각 기통마다 흡입량이 일정하지 못하게 되면 불규칙한 엔진의 상태가 되기 때문이다.

0 3 실린더 헤드 배기라인 튜닝

연소실 안에서 이루어지는 강한 폭발 압력에 의해 배기가스를 배출시키는 일은 흡입방식 보다는 한층 쉽다고 할 수 있지만 그래도 흡입량을 증가시켰다면 배기 시스템도 함께 균형을 맞춰 주는 일은 당연하다.

만약 연소실 안에 잔여가스가 조금이라도 남아 있게 되면 흡입량이 그만큼 줄어들기 때문에 헤드의 튜닝은 흡입과 배기 시스템의 밸런스가 중요하다고 하겠다.

강한 압축으로 시작되는 실린더 헤드와 피스톤 01

1개의 헤드 안에 흡입되는 과정에서 흡기 온도는 낮지만 순간적으로 연소실에서 진행되는 폭발 후의 온도는 약 1200℃가 훨씬 넘게 되는데 **엔진의 종류에 따라 다름** 실린더 헤드가 이 두 가지의 큰 온도 변화를 담당하고 있다.

폭발 후의 강력한 압력을 견디며 개폐를 담당하는 헤드와 밸브 시스템

헤드와 밸브의 밀착관계는 매우 가혹한 상태라도 개폐 작용의 역할이 분명하게 이루어져야 고성능의 엔진을 완성할 수가 있기 때문에 이 02 런 점이 참고 되어야 한다.

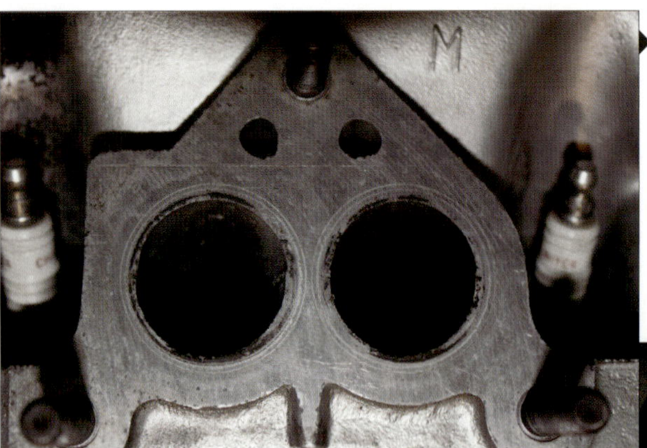

03 불완전 요소로 인하여 검게 그을린 배기라인 출구

흡입라인의 튜닝과 마찬가지로 배기라인의 튜닝도 비슷하지만 앞에서 서술했던 것처럼 배기라인은 흡입라인보다 조금은 쉽게 다뤄도 큰 무리가 없다. 그 이유는 연소실에서 폭발 후에 진행되는 배기가스가 흡입되는 공기의 속도보다 훨씬 빠르게 배출되기 때문이다.

배기라인 출구와 연결되는 자연 흡기식 엔진룸

터보챠저*turbo charger* 시스템과는 다르게 자연 흡기식 배기라인은 길이와 직경이 일치하여야 하며, 직경의 크기와 배기라인의 길이에 따라서 토크가 다르게 된다. **04**

터보챠저 엔진의 배기라인은 아주 짧게 되어 있는데 이는 강한 배기 압력을 이용하여 터빈의 성능을 극대화시키기 위함이다. **05**

06 터보차저는 배기 압력과 가까울수록 임펠러*impeller*의 회전이 상승되기 때문에 터보차저의 성능은 더욱 향상된다.

07 **배기라인의 가이드 돌출부분을 짧게 하여 생산되고 있는 양산 헤드**

요즘 양산되고 있는 신형 엔진을 보게 되면 배기효율을 높여주기 위한 노력으로 가이드를 짧게 설계하였으며, 이렇게 해줌으로써 배기가스가 연소실 안에 조금이라도 남지 않도록 하기 위한 노력이다.

느린 속도로 이동되는 흡입 공기가 강력한 폭발에 의해 매우 빠른 속도로 배출되기 때문에 특별히 배기의 간섭을 주지 않는다면 큰 문제는 없다고 할 수 있다. 하지만 연소실 안에 잔여가스가 조금이라도 남아있게 되면 흡입량이 그만큼 줄어들기 때문에 우리는 이런 점들 까지도 신경을 써야 한다.

그리고 배기과정에서 불규칙한 상태가 발생하게 되면 엔진의 각 기통마다 성능이 다르게 되어 지금까지의 노력이 엔진 튜닝의 마지막 단계라고 할 수 있는 배기라인의 소홀로 인해 출력의 상승에 영향이 미칠 수 있기 때문에 이런 점까지도 참고 되어야 한다.

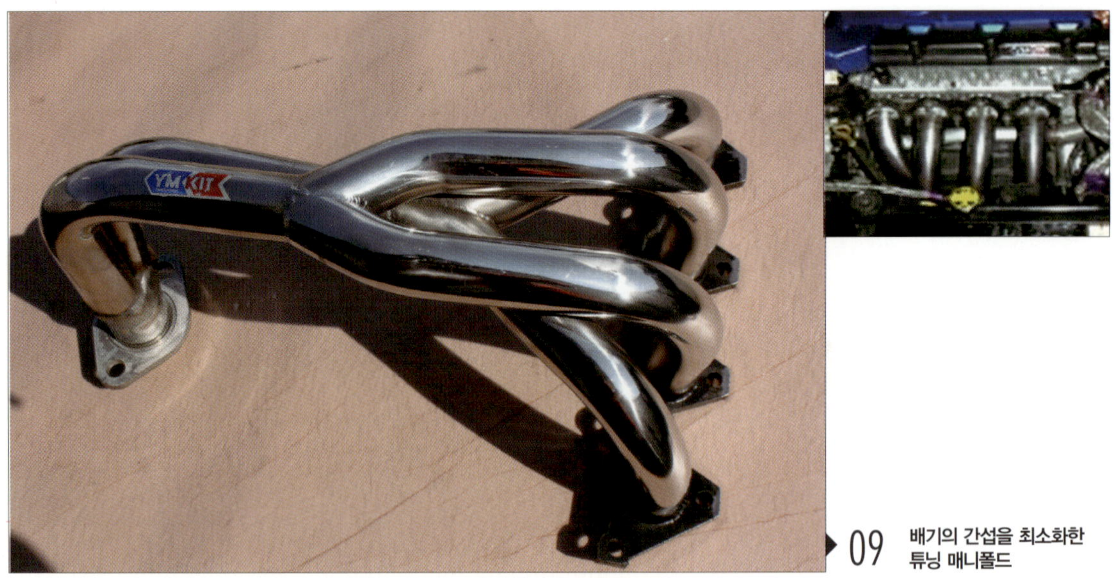

▶ **09** 배기의 간섭을 최소화한 튜닝 매니폴드

04 시트 링 커트 및 형상 개선

밸브 시트의 형상은 흡기나 배기 과정에서 영향을 미치게 되는데, 예를 든다면 고출력의 엔진으로 튜닝하는데 있어서 흡입 밸브가 열렸을 경우 연소실로 흐르는 공기는 밸브 아래쪽보다는 위쪽으로 많이 흐른다고 볼 수 있기 때문이다.

흡·배기라인을 부드럽게 해주게 되면 좀 더 빠른 속도로 증가시킬 수가 있지만 앞에서 말했던 것처럼 밸브 사이즈를 크게 하거나 헤드의 가공만으로도 충분한 효과를 얻을 수 있다.

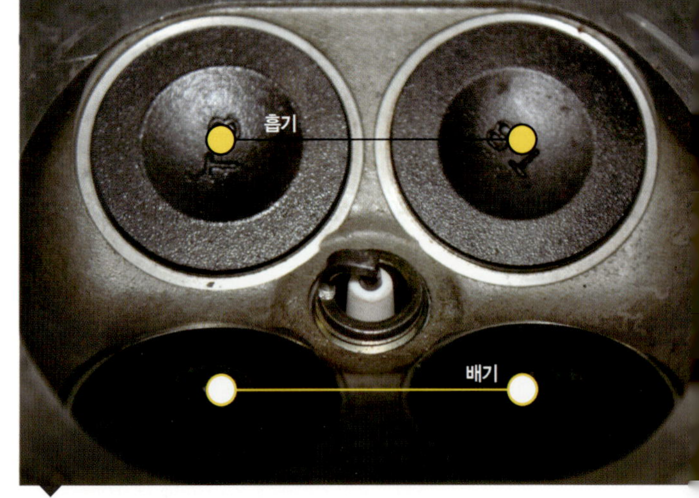

▼ **01** 헤드에 조립되어 있는 흡기 밸브대와 배기 밸브소

02 강한 압축을 재생시키는 시트 링*sheet ring* 형상

Reference

밸브가 리프트**열렸을 때** 되었을 때 밸브 상태가 매끄럽지 못하게 되면 흡·배기 흐름에 장애가 되기 때문에 밸브를 잘 연마하여 흡입과 배기가 부드럽게 흐르도록 저항을 최대한으로 줄여 줘야한다.

밸브 R부분을 수작업으로 한 튜닝 밸브 **03**
밸브 R 부분이 매끄럽게 잘 연마되어야 흡입과 배기의 효율을 한층 더 높여줄 수가 있기 때문에 정교한 손질이 요구된다.

밸브 헤드 부분을 매끄럽게 손질한 튜닝 밸브 **04**

밸브 튜닝에 있어서 주의할 점은 밸브 R 부분과는 다르게 사진처럼 밸브 헤드 부분의 두께는 일정해야 한다. 왜냐하면 무리하게 연마나 가공을 잘못하게 되면 전체적으로 압축이 떨어지게 되고 기통마다 압축비가 각각 다르게 되면 엔진 밸런스에 또 다른 문제가 되기 때문이다.
그래서 고성능의 엔진으로 튜닝하는 것은 처음부터 끝까지 밸런스가 아주 중요한 것이다.

(1) 엔진 튜닝에 있어서 밸런스*balance*란?

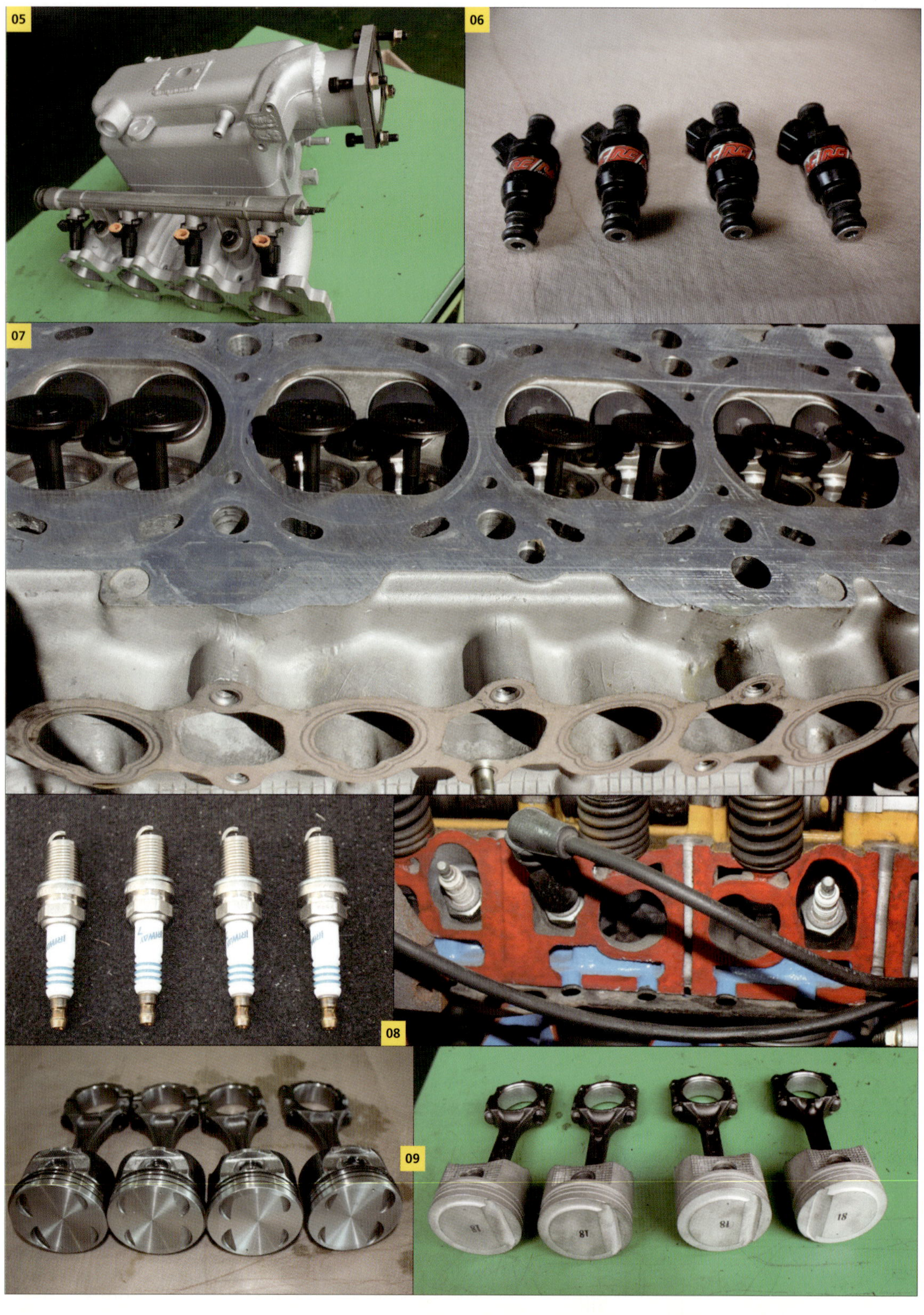

이렇게 수많은 부품들이 연동되어 각자의 중요한 역할을 정확하게 담당해야만 고성능의 엔진으로 완성할 수 있기 때문에 엔진의 튜닝은 어느 한 부분이라도 소홀히 해서는 안된다는 것을 자주 강조하게 되는 것이다.

05 흡입 공기가 연소실 안으로 일정하게 흡입되어야 하는 매니폴드

06 연료 공급이 엔진의 작동 상태 변화에 따라서 일정하게 분사 되어야 하는 인젝터

07 흡기 밸브와 배기 밸브의 개폐가 정확하게 작동되어야 되는 밸브와 가이드

08 점화 플러그*spark plug*도 엔진의 작동 상태 변화에 따라 정확한 역할이 필요하다.

09 각 기통마다 상하로 작동되는 피스톤*piston*의 무게가 똑같아야 한다.

10 연소실로 흡입되는 공기가 일정하게 압축되어야 한다

11 크랭크축과 연동되어 정밀하게 작동되는 캠축*cam shaft*와 클리어런스의 관계

12 힘의 근원이 시작되는 크랭크축*Crank shaft*의 밸런스는 중요하다.

13 피스톤과 피스톤 링 그리고 커넥팅 로드또는 *conrod*는 상하 왕복운동과 회전으로 인한 밸런스는 아주 중요하다.

흡입과 배기의 효율을 높여주기 위해서는 흡·배기 밸브를 튜닝하게 되는데 주로 흡기 밸브 헤드의 직경을 크게 하는 방법을 사용하고 있다.

밸브가 열리는 순간에 될 수 있는 한 많은 량의 흡입 공기를 연소실로 채워줘야 하는 이유는 폭발 후에 진행되는 배기의 속도가 흡입되는 속도보다 훨씬 더 빠르기 때문이다.

그러나 흡기와 배기 밸브는 작은 부품이지만 강한 압축을 만드는데 있어서 아주 중요한 개폐 역할을 담당하고 있으나 또 다른 면에서 본다면 밸브가 흡입과 배기의 흐름에 장애요소가 될 수도 있기 때문에 우리는 이런 점에 심혈을 기울일 필요가 있다.

이렇게 개폐 작용만을 반복하는 밸브의 튜닝은 간단한 것 같지만 압축 공기가 새어나가지 않도록 완벽한 개폐 역할이 보장되어야만 고성능의 엔진을 기대할 수가 있기 때문에 밸브는 아주 중요한 부품 중에 하나라고 할 수 있다.

02 흡입 공기의 흐름이 부드럽게 흐르도록 수작업으로 연마되어 있는 튜닝 전과 튜닝 후의 밸브

❶ 쉽게 풀어보는 밸브 튜닝

우리는 밸브 튜닝에 신경을 많이 쓰게 되는데 밸브 튜닝에 있어서 보다 쉬운 방법을 찾아본다면 양산회사가 같은 계통의 엔진이면 밸브 스템의 직경이나 길이가 비슷한 경우가 많으므로 한 단계 위의 배기량을 가진 엔진의 밸브를 응용하여 밸브 헤드부분의 직경을 확대할 수 있는 쉬운 방법을 응용하는 것도 좋다고 할 수 있다.

예를 든다면 1500cc 엔진의 실린더 헤드에 밸브 시트만 잘 가공 하게 되면 이것보다 직경이 한 단계 더 큰 1600cc 나 1800cc의 흡기 밸브의 튜닝이 가능하다는 것이다. 그러나 잘 맞지 않을 경우에는 큰 밸브를 가공하여 제작하는 방법도 있다.

앞에서 말했지만 이렇게 밸브 헤드를 더 큰 것으로 교환하려는 이유는 정해진 시간에 순간적으로 진행되는 매우 짧은 시간에 많은 공기를 연소실 안으로 이동시켜 주기 위함이며, 밸브 헤드의 직경이 커진 만큼 흡입되는 공기 통로의 면적이 넓어지기 때문에 이 경우에는 포트의 내경과 밸브 헤드와 맞닿는 시트도 동시에 꼭 확대시켜줘야 한다.

04 밸브 스템 *valve stem*이 같을 경우 밸브 헤드를 더 큰 것으로 교환해주면 시간과 경비를 줄일 수 있다

05 밸브 헤드가 커지면 밸브 시트 링도 손질해줘야 하며, 밸브 시트 링을 확대해주지 않게 되면 밸브 튜닝의 효과가 없게 된다.

06 엔진이 동일한 계통의 튜닝 전 밸브

07 동일한 계통의 엔진에서 밸브 헤드가 한 단계 더 큰 밸브로 튜닝된 상태에서 밸브를 잘 연마해줘야 하며, 흡기와 배기의 밸브가 작동 중에 서로 부딪히는지를 꼭 확인할 필요가 있다.

08 밸브 스프링은 튜닝되어 진 밸브의 요구에 맞춰 최대 *rpm* 스프링의 강도가 결정되어야 한다.

밸브 튜닝을 할 때는 반드시 밸브와 시트 사이에 공기가 새는지의 여부를 꼭 확인한 후에 조립에 들어가야 하며, 만약 조금이라도 압축 공기가 새어 나가게 되면 고출력의 엔진은 불가능하기 때문에 이 부분을 완벽하게 손질해줘야 엔진의 성능을 향상시킬 수 있다. 그리고 밸브 헤드 직경이 커지게 되면 밸브끼리 서로 간섭이 없어야 되기 때문에 너무 가까이 있는가를 확인해야 한다.

Reference

흡입 효율을 높이기 위한 방법으로 밸브 헤드가 더 큰 것을 사용할 경우에 밸브의 중량이 비슷하더라도 흡·배기과정에서 간섭이 증가되기 때문에 밸브 스프링의 강도에도 신경을 쓰는 것이 중요하다.
밸브 스프링이 약하다고 판단될 경우 쉬운 방법으로 스프링의 밀착 길이에 여유가 있으면 스프링의 시트 밑에 얇은 와셔 등을 끼워서 하중을 업 시켜주는 경우가 있지만 여유롭지 못한 공간에서 고속으로 작동되어야 하기 때문에 일정한 마진을 찾아서 실수가 없도록 해야 한다.

❷ 배기 밸브 튜닝

다음은 배기 밸브에 대해서 알아보기로 하자. 배기 밸브는 연소실에서 폭발 후 진행되는 속도가 매우 빠르기 때문에 흡기 밸브의 크기에 비해 배기 밸브의 면적이 조금 작아도 크게 문제되지 않는다고 하였지만 그러나 흡기 밸브의 직경을 확대하였다면 배기 밸브의 직경도 같이 커지는 것이 좋다.

그러나 연소실의 공간이 여유가 없다면 무리해서는 절대 안된다. 기본을 이해하지 못하고 만약에 밸브끼리 부딪히는 경우가 발생하게 되면 엔진에 큰 문제가 생기기 때문이다.

제작회사에서 생산되고 있는 양산 엔진은 많은 연구와 노력 끝에 완성된 엔진이다. 하지만 우리는 여기서 더욱더 고성능의 엔진을 완성시키기 위한 노력으로 여유롭지 못한 마진을 찾는 이유는 엔진의 전체를 볼 때 어느 한분야만의 충분한 여유가 없기 때문이다.

밸브 튜닝의 기본은 흡·배기 밸브의 직경을 확대하는 것이지만 여유롭지 못한 좁은 공간에서 밸브간의 간섭이 생긴다면 기존의 배기 밸브를 잘 손질하는 것이 더 안전하다고 말하고 싶다.

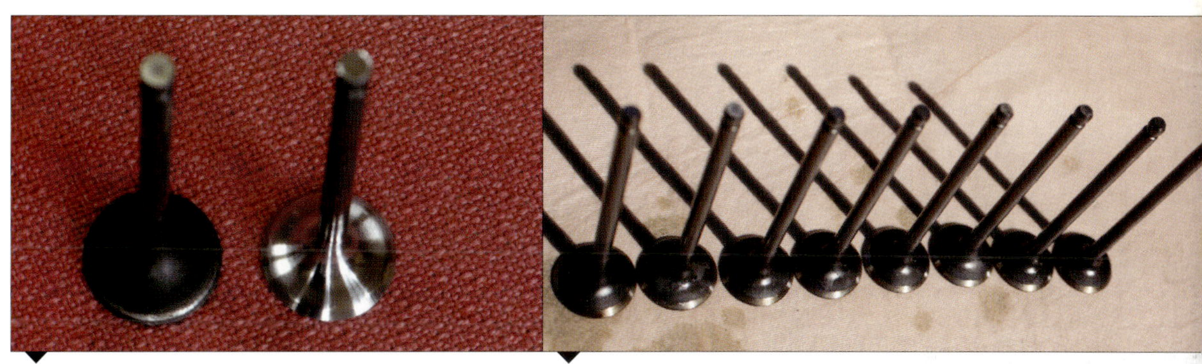

09 튜닝 전과 튜닝 후의 밸브 헤드 크기를 비교한 상태

10 고온에서 견뎌내야 하는 배기 밸브는 특수강으로 제작되었기 때문에 흡기 밸브를 배기 쪽에 사용하는 것은 절대 금물이다.

11 밸브와 밸브간 거리와 피스톤간의 간섭이 없도록 세심한 주의가 필요하다.

배기 밸브는 흡기 밸브에 비해서 작동
되는 조건은 정반대라고 할 수가 있는데 흡
입과 배기 속도와 온도의 차이는 아주 크다
고 할 수 있겠다.
특히 배기 밸브는 약 1200℃ 이상의 높은
온도의 악조건에서 개폐의 역할을 담당하고
있는 것이 바로 배기 밸브이다.

12 헤드에 조립되어 있는 밸브 중 흡기 밸브가 배기
밸브보다는 더 크게 제작되었는데 이는 배기 밸
브가 흡기 밸브와 같거나 더 크다고 해도 출력에
는 큰 변화가 없기 때문이다.

배기 밸브는 내열성이 뛰어난 니켈 성
분의 금속 등으로 특수하게 제작되어 있기
때문에 내구성에 있어서 흡기 밸브와의 차
이가 크다.

보통 배기 밸브의 크기는 흡기 밸브 크기의 약 85% 정도이며, 흡기 밸브 헤드의 직경보다 작게 설계되었다. 왜냐하면 배기 밸브가 흡기 밸브보다 크거나 같아도 출력에 거의 효과가 없기 때문이다.

그리고 튜닝을 시작할 때는 흡기 튜닝보다는 배기 튜닝에 더 많은 신경을 쓰는 경우가 있는데 배기 사운드에 의한 느낌은 좋을지 모르지만 흡기 튜닝이 배기 튜닝보다 효과가 훨씬 더 크다는 것을 우리는 알아야 한다.

06   밸브 가이드 튜닝

요즘 신형 엔진의 경우 사진처럼 밸브 가이드의 돌출이 거의 없을 정도로 양산되고 있는 엔진의 기술 발선이 상낭하나.

01

밸브 개폐를 일정하게 작동하게 하는 밸브 가이드는 헤드 포트 내부로 일부가 돌출되어 있다. 이는 엔진이 많이 노후 되었을 때까지의 안전을 생각했을 것이다.

그러나 요즘 엔진의 부품들은 기술의 발전으로 인해 내구성과 정밀도가 아주 좋아졌기 때문에 큰 문제는 없으며, 밸브 가이드가 포트 내부로 돌출되어 있는 부분을 깎아주는 것은 흡입과 배기의 흐름을 원활하게 해주기 위함이다. 밸브 가이드가 포트 내부로 돌출되지 않도록 루터 등으로 가공하여도 충분히 가이드 역할을 할 수 있기 때문이다.

일반적으로 밸브 가이드가 포트 안으로 돌출되어 있는 것이 보통인데, 흡입과 배기 저항을 조금이라도 줄이기 위해서는 이 부분을 루터 등을 사용하여 매끄럽게 제거하여 흡입과 배기의 효율을 높여주는 것이 좋다.

(1) 그림으로 보는 밸브가이드 형상

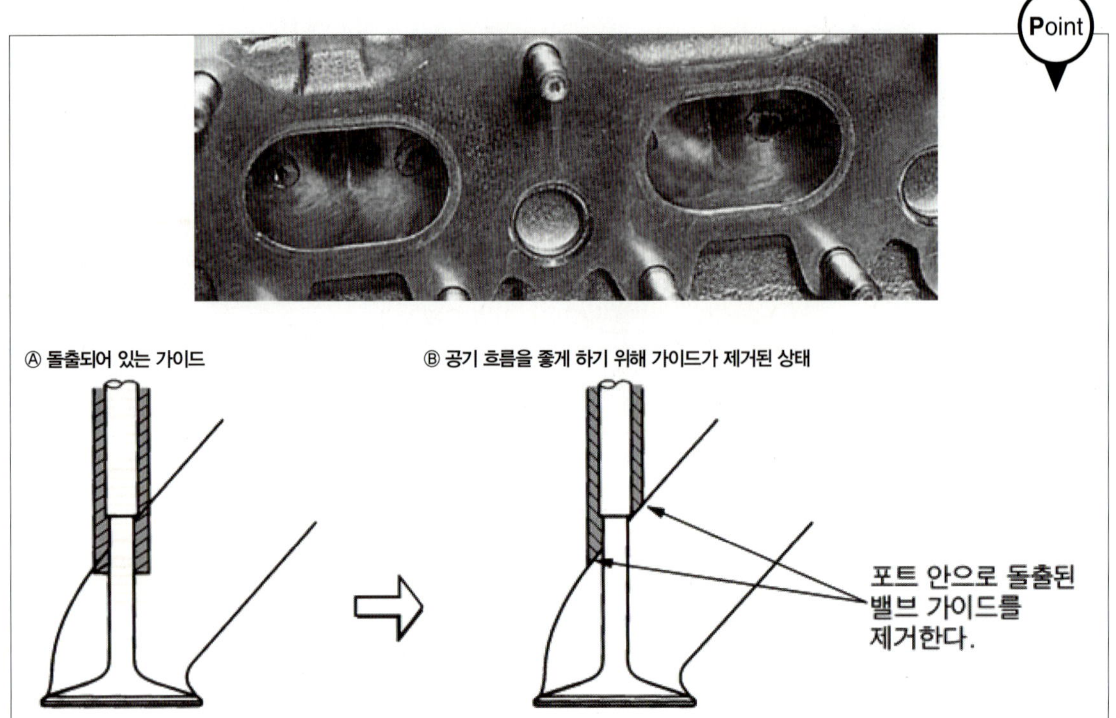

헤드 포트, 가이드, 시트 링, 밸브 등이
튜닝되어 조립중인 헤드 **12**

Engine Tuning
실린더 헤드의 냉각 튜닝
4

실린더 헤드의 냉각 튜닝

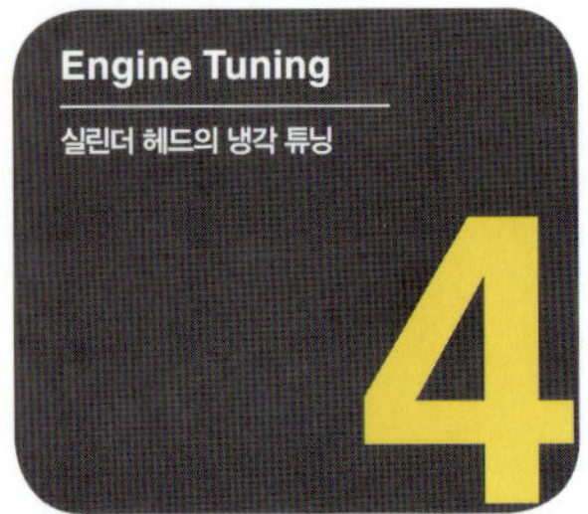

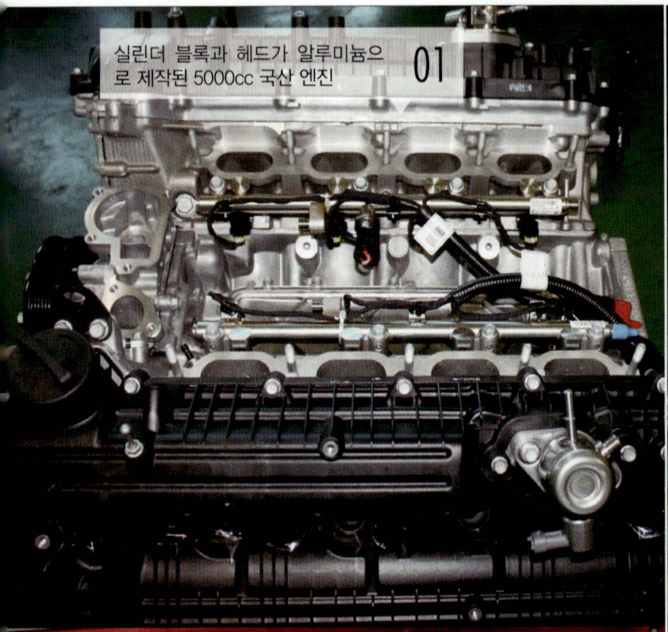
01 실린더 블록과 헤드가 알루미늄으로 제작된 5000cc 국산 엔진

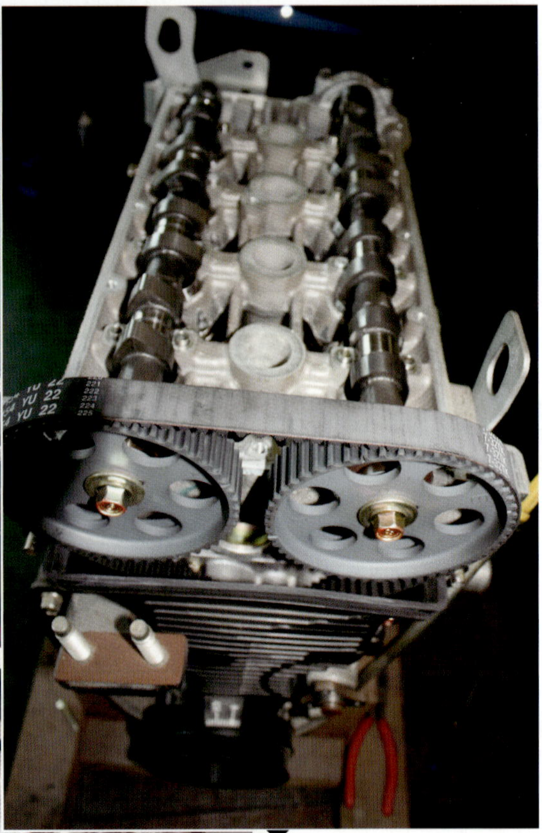
03 4기통 2000cc 실린더 헤드

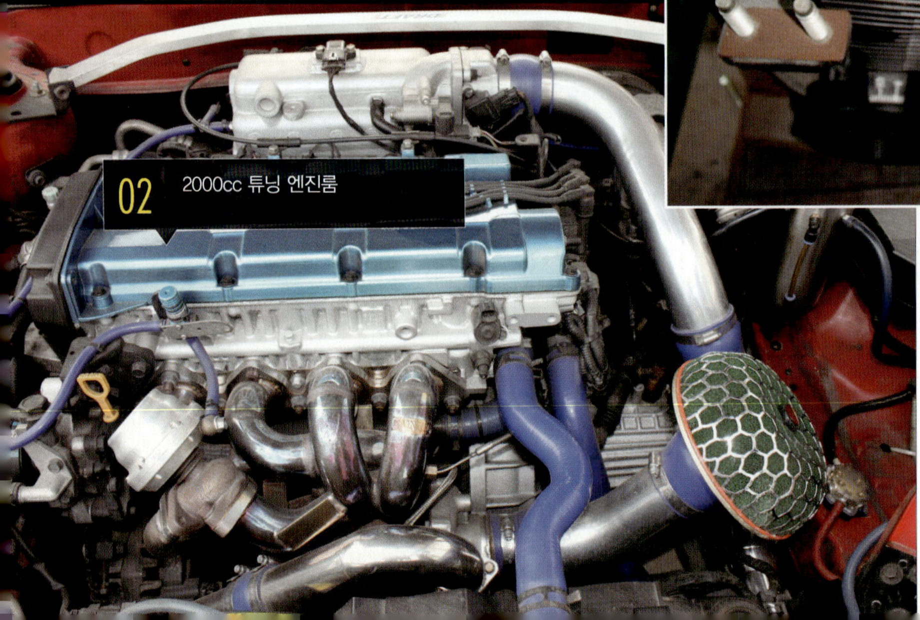
02 2000cc 튜닝 엔진룸

엔진의 열을 일정하게 냉각시켜 주는 일은 고성능의 엔진으로 튜닝하는데 있어서 매우 중요하다. 아무리 성능이 좋은 엔진이라도 열을 해결하지 못한다면 그동안의 엔진 튜닝은 실패를 뜻하기 때문에 목표하고자 하는 엔진의 튜닝을 하기 위해서는 많은 열이 집중되는 헤드를 냉각시켜 주는 일은 무엇보다도 중요하다고 할 수 있다.

엔진의 성능을 향상시키는 일은 어렵지 않지만 고성능으로 튜닝된 엔진이 매우 높은 회전으로 장시간 운행 또는 레이스를 할 때 헤드 전체의 열을 일정하게 유지시켜주는 일은 간단하지 않다.

엔진의 튜닝에 있어서 실린더 헤드를 일정하게 냉각시켜주는 일은 엔진 전체의 컨디션을 유지해주기 때문에 아무리 성능이 좋은 엔진도 열을 받게 되면 모든 부품들이 고열에 의해서 변형이 되고 성능이 현저히 떨어지며, 결국은 고성능 엔진의 기능을 유지할 수 없게 된다. 이렇게 된다면 지금까지의 노력이 아무런 효과를 볼 수 없기 때문이다.

엔진이 회전을 하면 냉각수 온도는 약 75~85℃ **제조회사에 따라서 온도 기준은 다를 수 있음** 정도로 유지하고 있는데 연소실에서 발생되는 높은 열을 냉각시키기 위해서는 점화 플러그와 배기 밸브의 주변이 많은 열을 받기 때문에 이 부분을 잘 냉각시켜 줘야 한다.

그 이유는 고성능의 엔진으로 튜닝하는데 있어서 열을 제어시켜주는 일은 출력의 향상에 대단히 큰 영향을 미치기 때문이다.

실린더 헤드에 뚫어진 여러 개의 냉각수 라인은 실린더 블록과 연결되어 순환되고 있다.

앞에서 말했듯이 실린더 헤드 부분의 온도가 상승하게 되면 각종 부품의 기능 저하와 연소 상태 등이 불량하여 엔진의 출력이 저하되는 주원인이 되기 때문에 실린더 헤드의 냉각 성능을 일정하게 유지시켜줘야 한다고 강조하는 이유가 여기에 있다.

엔진의 냉각 방식에는 공랭식 엔진과 수냉식 엔진이 있는데 공기로 열을 식혀주는 공랭식은 요즘에는 잘 사용되지 않고 있으며, 지금은 엔진 내부에 설치되어 있는 워터 펌프가 강제로 냉각수를 순환시켜서 헤드의 열을 식혀주는 수냉식을 주로 생산하고 있다.

그러나 이러한 상태로 엔진이 회전하게 되면 추운 겨울철에는 연료소모가 많고 엔진이 성능을

05 워터 펌프 : 냉각수를 엔진 전체로 순환시켜 주는 워터 펌프는 벨트에 의해서 구동 되는데 성능을 향상시키기 위해서 풀리의 회전을 높여주거나 냉각 팬을 튜닝하기도 한다

서모스탯은 엔진 내부에서 흐르는 냉각수의 온도를 조절하는 장치이며, 레이스 카의 경우 온도가 급변하는 무더운 여름철 또는 영하의 날씨에는 그에 맞는 튜닝 서모스탯을 사용하고 있다.

06 케이스에 조립되어 있는 서모스탯

07 서모스탯은 밸브와 스프링 장력에 의해서 일정하게 냉각을 유지시켜 주며 정해지는 온도에 따라서 개폐작용을 한다.

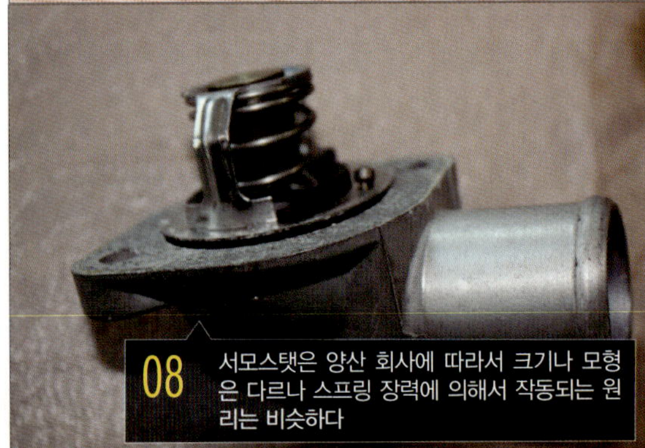

08 서모스탯은 양산 회사에 따라서 크기나 모형은 다르나 스프링 장력에 의해서 작동되는 원리는 비슷하다

09 워터 펌프와 함께 조립되어 있는 서모스탯의 개폐 설정은 튜닝된 엔진상태에 따라서 조금씩 다르다.

발휘하지 못하게 된다.

　우리인간은 스스로 일정한 체온을 유지해 주는 기능이 있지만 엔진은 스스로 해결하는 기능이 없기 때문에 그 일을 서모스탯*thermostat*이 담당한다.

　서모스탯은 일정한 온도를 유지시켜 주고 높아지는 냉각수 온도를 라디에이터와 냉각 팬이 식혀주는 간단한 장치이지만 완성된 엔진이 성능을 최대한으로 발휘할 수 있도록 냉각수의 온도를 조절해 주는 기능을 이 작은 서모스탯이 담당하게 된다.

01　실린더 헤드의 냉각 라인

앞에서 설명을 했지만 고성능의 엔진으로 튜닝 하는데 있어서 냉각 라인의 튜닝은 냉각수가 흐르는 라인이 각 기통마다 일정하게 흘러야만 잘된 냉각 라인의 튜닝이라고 할 수 있다. 이렇게 일정한 냉각 방식을 강조하는 이유는?

　엔진이 정상적인 상태라도 레이스 등의 가혹한 상태에서 운행 중에 만약 어느 한 기통에서 냉각 효율이 떨어지고 온도가 높아지게 되면 그 기통의 실린더에서 노킹을 일으킬 수가 있기 때문이다. 이렇게 되면 노킹이 발생되는 기통은 출력이 현저히 떨어지게 되기 때문이다.

알루미늄 실린더 블록과 실린더 헤드는 엔진의 무게를 줄이기 위한 방법이지만 일정한 엔진의 온도를 유지시켜 주기 위한 방열효과는 더욱더 크다고 할 수 있다. 01

02 엔진이 정상적인 상태에서는 피스톤 상태도 양호하게 된다.

냉각기능이 불규칙하게 되면 노킹이 심한 기통의 피스톤에서 문제가 발생하게 된다. 03

04 무리한 튜닝이나 일정하지 못한 냉각 기능으로 인해 파손된 피스톤

더 큰 문제는 각 기통이 크랭크축에 하나로 묶여져서 회전을 하기 때문에 정상적으로 작동되고 있는 기통에 까지 영향을 주기 때문에 성능에 더 많은 손해를 보게 된다는 것이다.

그래서 냉각수가 실린더 블록에서 헤드의 각 기통으로 이동할 때에는 고성능의 엔진일수록 일정하게 냉각수가 잘 순환되어야만 고른 출력과 불규칙한 열에 의한 노킹을 방지할 수가 있다.

출력을 걱정하는 일부 레이스용 자동차에는 서모스탯이 냉각수의 이동에 저항을 주기 때문에 간혹 제거하여 사용하는 경우가 있으나 서모스탯을 제거하게 되면 냉각수의 저항이 적어져서 냉각수의 흐름은 원활하지만 원칙적으로 일정한 냉각 효율은 떨어진다고 볼 수 있기 때문에 온도 유지를 위해서는 그에 알맞은 튜닝된 서모스탯이 필요하다.

05 실린더 헤드에 조립되어진 서모스탯은 녹 방지를 위해 스테인리스나 동으로 제작된다.

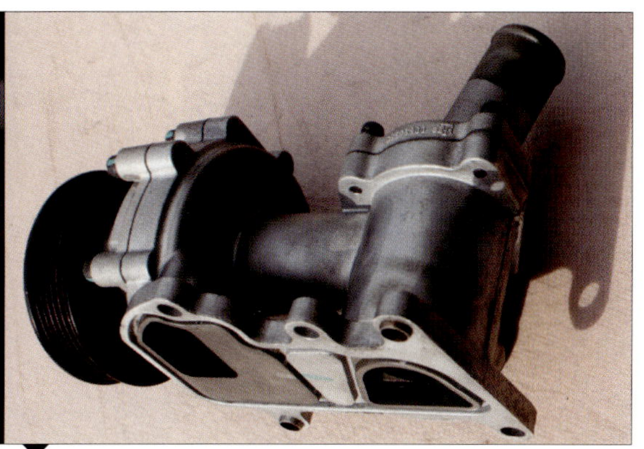

06 워터 펌프와 서모스탯이 하우징에 조립한 상태

02 배기 주변에 흐르는 냉각 라인 균일화

일반 엔진도 출력을 높여 주기위해 작은 공간인 헤드에 4개의 밸브가 설치되어 있으며 특히 고성능 엔진의 헤드에는 무려 5개의 밸브**흡입 3밸브, 배기 2밸브**가 있는데, 이 경우 실린더 헤드와 점화 플러그 등의 사이에 냉각수 통로를 확보하는 것이 상당히 어렵기 때문에 신중하게 검토하여야 하며, 특히 엔진이 고속회전에서 일정하게 냉각 효율을 유지해 주지 못한다면 고성능 엔진의 완성은 어렵게 된다.

때문에 각종 레이스 등을 통하여 엔진이 어떠한 가혹한 상태에서도 냉각수의 온도 게이지 *temperature gauge*가 변하지 않고 일정해야만 고른**높은** 출력이 보장된다.

그리고 열이 발생하는 연소실에서 냉각수 통로까지의 거리가 멀어지게 되면 연소실의 냉각이 잘 되지 않게 되며, 냉각수는 배기쪽에서 흡입되는 방향으로 원활하게 냉각수가 순환되노록 해줌으로써 냉각효과를 좀 더 향상시킬 수가 있다.

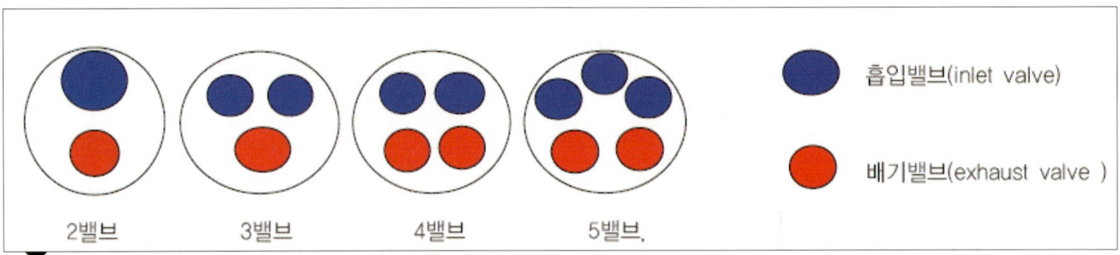

01 밸브 수에 따라서 실린더 헤드 형상도 각각 다르게 된다.

02 실린더 헤드 주변에는 냉각수가 잘 흐르도록 일정한 냉각 라인이 필요하다.

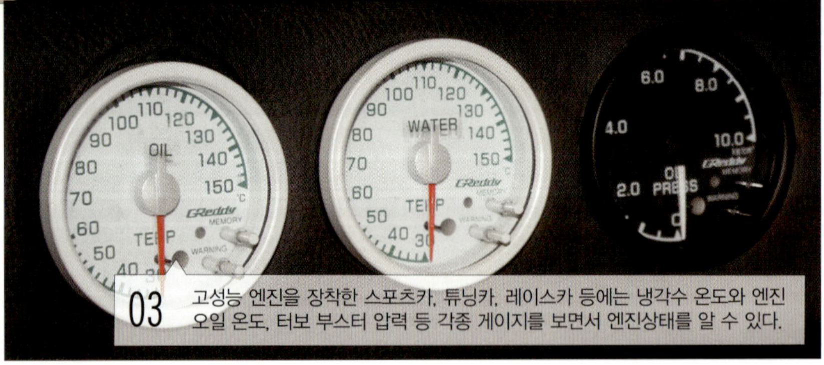

03 고성능 엔진을 장착한 스포츠카, 튜닝카, 레이스카 등에는 냉각수 온도와 엔진 오일 온도, 터보 부스터 압력 등 각종 게이지를 보면서 엔진상태를 알 수 있다.

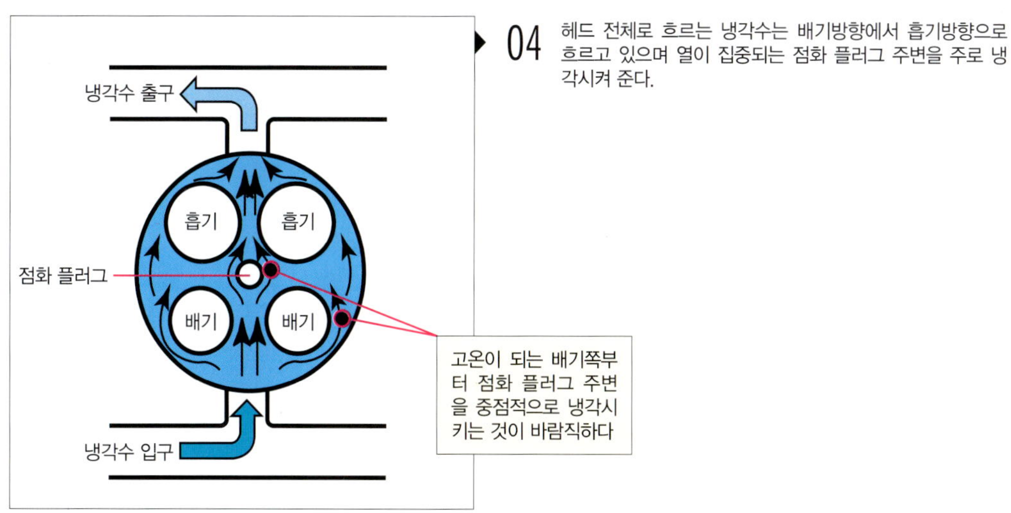

04 헤드 전체로 흐르는 냉각수는 배기방향에서 흡기방향으로 흐르고 있으며 열이 집중되는 점화 플러그 주변을 주로 냉각시켜 준다.

Engine Tuning
캠축의 종류 및 튜닝

5

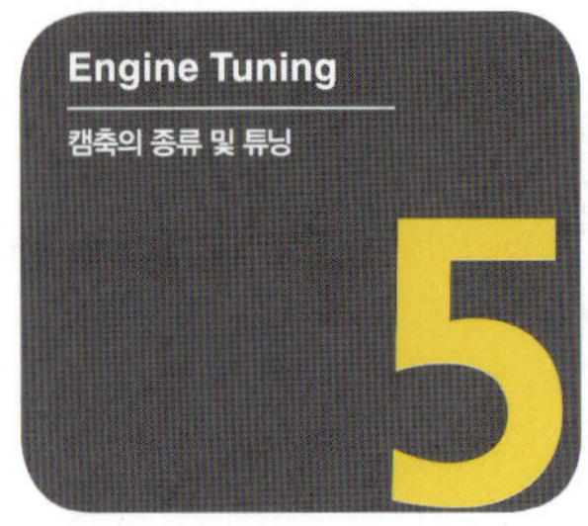

캠축의 종류 및 튜닝

(1) 캠축*Cam shaft*

SOHC시스템은 1개의 캠축이 흡기 밸브와 배기 밸브 전체를 담당하는 것을 말하며 제조회사에 따라서 4기통 엔진의 경우 12밸브나 16밸브를 작동시키는 경우도 있지만 캠축이 회전을 하면서 밸브 전체흡·배기를 컨트롤*control*하기 때문에 SOHC라고 하고, DOHC 시스템은 2개의 캠축이 흡기 밸브와 배기 밸브를 각각 담당하여 회전하면서 밸브를 컨트롤

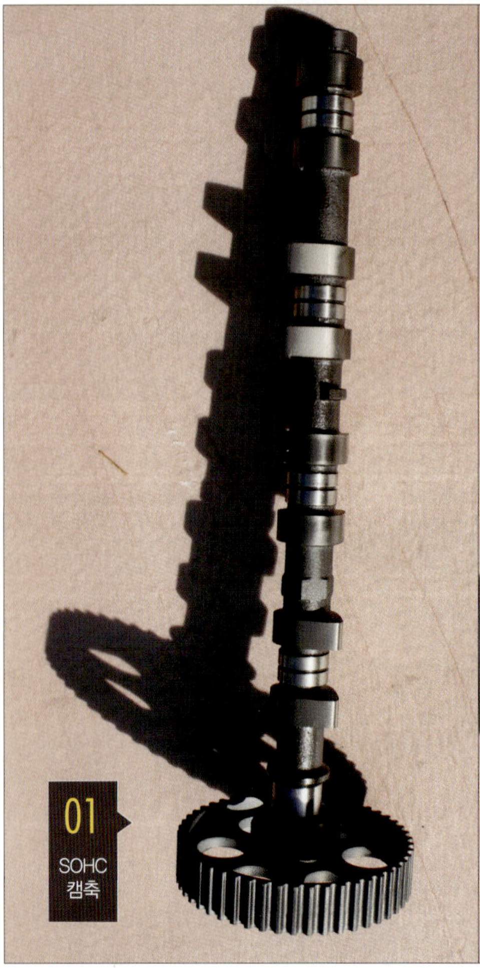

01 SOHC 캠축

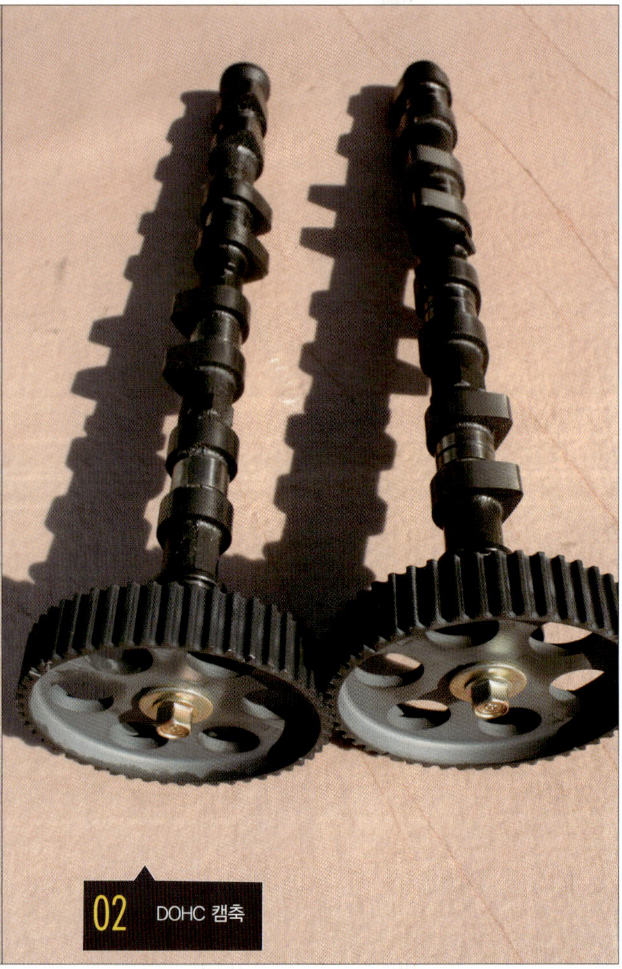

02 DOHC 캠축

하기 때문에 DOHC라고 한다.

흡입 - 압축 - 폭발 - 배기의 4행정 엔진에 있어서 캠축의 역할은 실린더 헤드에서 연소실로 들어가는 흡입 공기와 폭발 후의 배기가스를 차단하고 열어주는 개폐시간을 캠축이 회전을 하면서 정한다.

캠축은 크랭크축*crankshaft*과 타이밍 벨트*timing belt,* 체인 또는 기어가 연결되어 회전하면서 흡입과 배기의 개폐를 밸브가 담당하고 캠축이 조절하는 간단한 방식 같지만 고속회전에서 엔진의 성능을 좌우하는 매우 정밀한 부품 중의 하나가 캠축이라고 할 수 있다.

　수많은 부품 중에서 캠축은 매우 정밀한 부품 중의 하나로 캠각의 곡선이 조금만 변화되어도 밸브의 개폐시기나 밸브 양정이 다르게 되며, 엔진의 성능 향상에도 큰 영향을 미치는 까다로운 부품이 바로 캠축이라고 할 수 있다.

08 캠축은 캠의 높이에 따라서 흡입량이 정해지며, 주로 SOHC 방식의 엔진에 적용되고 있다. 그러나 고속형 엔진에는 밸브와 피스톤 헤드의 간극이 여유롭지 못해 이 방법은 부적절하다고 할 수 있다.

▶ **09** SOHC 피스톤과 밸브의 간극이 여유롭기에 피스톤 헤드에는 흡기 밸브와 맞닿는 부분에만 흡기 밸브의 홈이 있다.

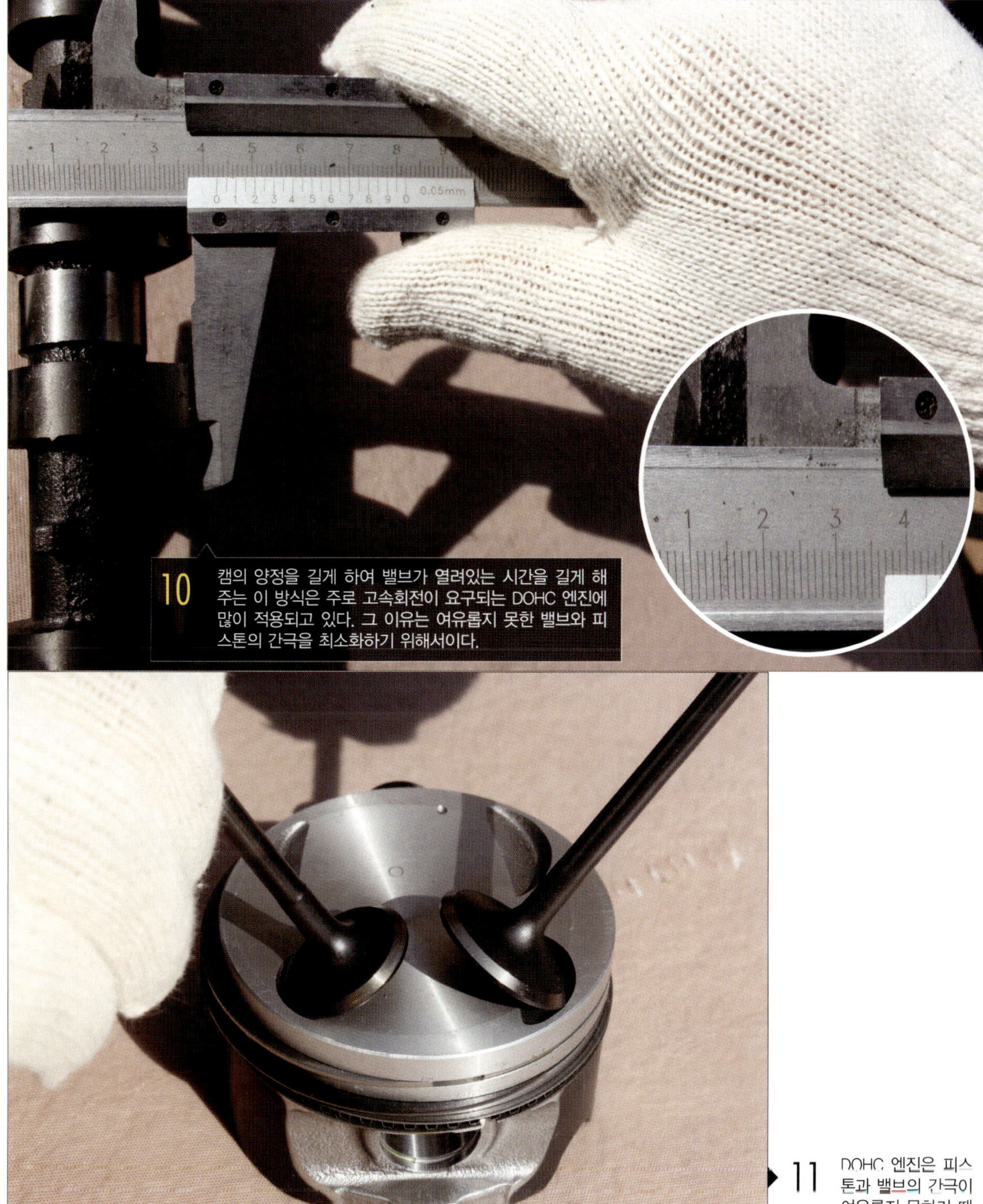

10 캠의 양정을 길게 하여 밸브가 열려있는 시간을 길게 해주는 이 방식은 주로 고속회전이 요구되는 DOHC 엔진에 많이 적용되고 있다. 그 이유는 여유롭지 못한 밸브와 피스톤의 간극을 최소화하기 위해서이다.

▶ 11 DOHC 엔진은 피스톤과 밸브의 간극이 여유롭지 못하기 때문에 피스톤 헤드에 밸브와의 간극을 두게 된다.

01 캠축의 종류

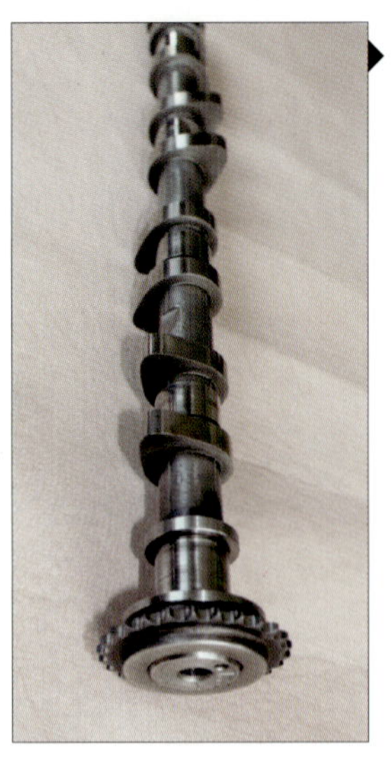

01 캠축은 주로 주조방식으로 제작되었으며 SOHC의 경우 용도에 따라서 캠 각의 높이를 조율하여 사용한다.

02 DOHC 캠축은 2개의 캠이 각각 회전하면서 흡기 밸브와 배기 밸브를 직접 리프트**열리도록** 해주는 방식이다.

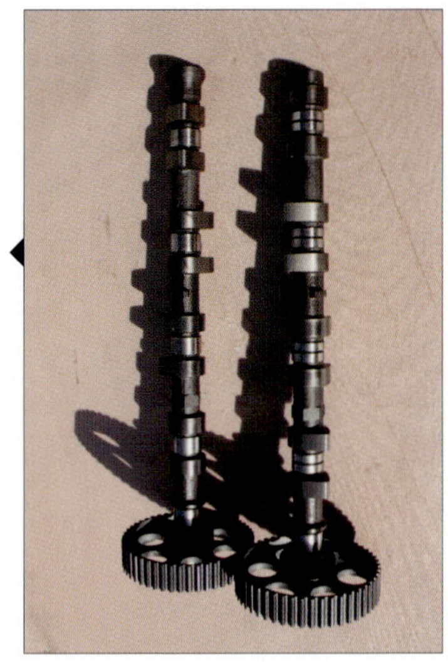

SOHC : Single Over Head Camshaft
DOHC : Double Over Head Camshaft

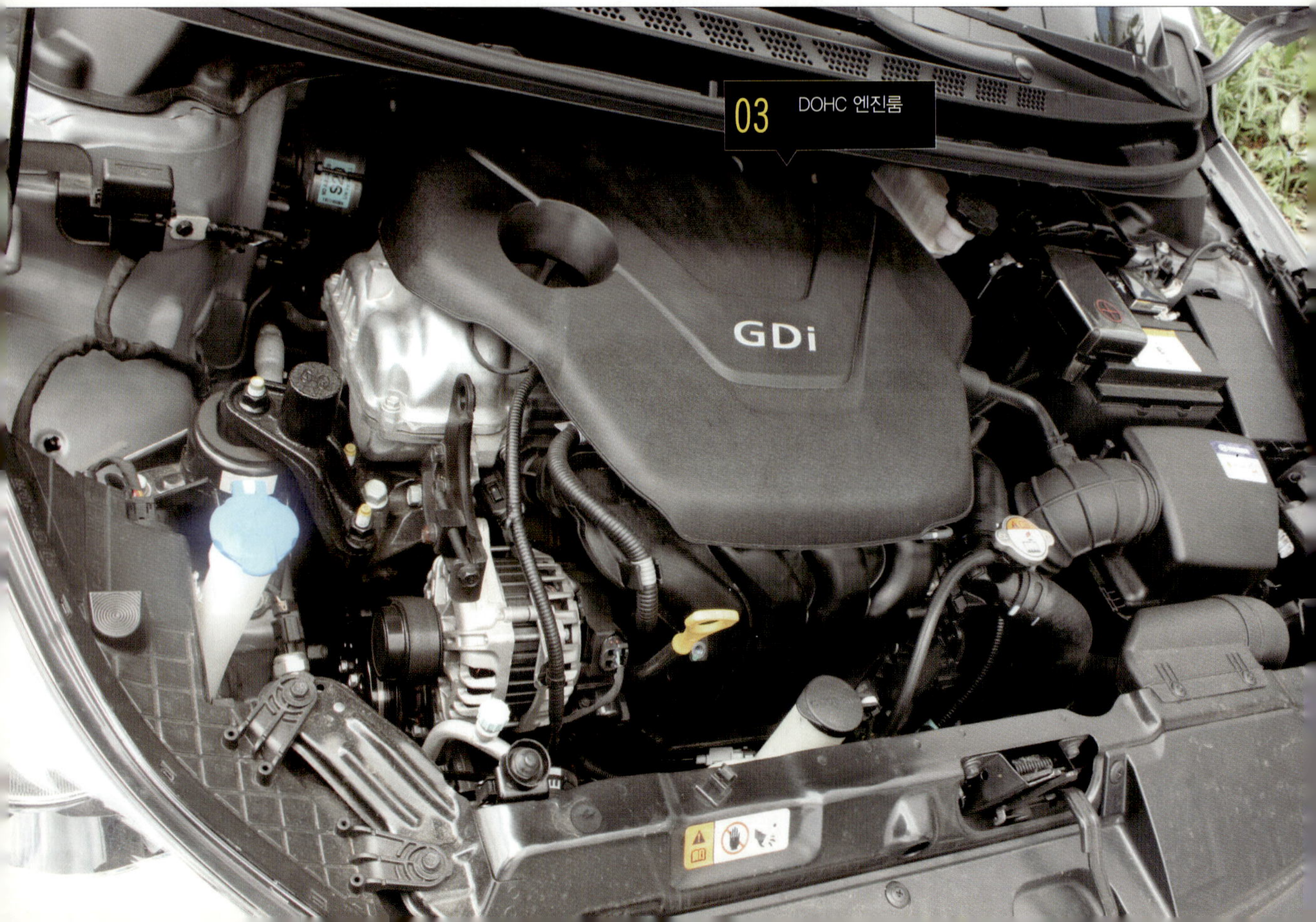

03 DOHC 엔진룸

SOHC와 DOHC 엔진의 장단점으로는 SOHC는 주로 저·중속 엔진에 사용되고 있으며, 낮은 회전에서 좋은 토크를 원하는 경우 SOHC 방식을 선호하는 경우도 있다.

이는 DOHC 방식보다는 소음이 작고 구조가 간단한 장점은 있지만 지금은 기술의 발달로 인하여 DOHC 방식의 엔진을 주로 생산하고 있다.

오늘날에는 DOHC 방식을 가장 많이 선호하고 있으며, 완성노가 높은 엔진으로 평가 받고 있다. 지금까지 SOHC 방식의 고정 관념을 넘어선 것이 DOHC 방식이라고 할 수 있으며, 중·고속회전에서 높은 출력이 가능하고 특별한 경우가 아니라면 터보차저 시스템*turbocharger system* 등이 필요하지 않고 자체 방식만으로도 높은 출력이 가능하기 때문이다.

지금까지 개발된 엔진 중에서 2000cc급 DOHC 엔진은 우리에게 가장 적합하게 개발된 엔진으로 평가 받고 있으며, 특히 2000cc급 엔진은 온로드 레이스와 징거리 랠리 경주를 통해서 그 성능과 내구성이 입증되고 있다.

02 캠축 작동방식

요즘의 엔진은 로커 암이 필요 없이, 캠축이 회전을 하면서 캠이 직접 밸브를 개폐시키는 직동식 시스템을 주로 적용하고 있다. 이는 고속회전에서의 여러 가지 유리한 장점이 많기 때문이다.

DOHC 엔진의 경우 캠*cam*과 밸브 리프트*valve lift* 사이의 **클리어런스***clearance*를 일정하게 유지해 주어야 하는데, 지금은 유압에 의한 자동 조절 장치로 인해서 클리어런스를 없앤다.

❶ 클리어런스 : 여유 공간, 간극

01 캠이 밸브를 직접 눌러주는 리프트 직동식 시스템

02 직동식 시스템의 장점 : 캠이 직접 밸브를 리프트하기 때문에 강성이 높고 정확하며, 고속회전에서의 마찰 손실이 작으며, 헤드부분의 구조가 간단한 것이 장점이라고 할 수 있다.

03 캠이 록커 암을 사용하여 밸브를 눌러주는 록커 암 *rocker arm* 시스템

(1) 캠과 밸브의 간극

직동식의 경우 밸브 클리어런스는 흡기 밸브의 간극은 약 0.2~0.35mm, 배기 밸브의 간극은 약 0.25~0.45mm 정도가 보통인데, 이 차이는 배기 밸브의 온도가 높게 되면 열팽창도에서 차이가 나기 때문이며, 흡기 밸브 간극과 일치하는 것은 적절하지 않다.

---

03 하이 캠축의 종류

캠의 개도가 크게 되면 커브 면적을 크게 할 수 있고 밸브 리프트 양도 더 크게 할 수 있기 때문에 흡입과 배기의 효율을 극대화시킬 수가 있다. 그러므로 개도가 큰 캠은 고속회전에서 필요한 고출력용 즉, 하이 캠이라고 할 수 있으며, 일반적인 기준으로는 약 248°~265° 정도가 적합하다. 랠리용 경주용 자동차와 온로드 레이스용은 약 270~295°정도가 적합하다.

엔진의 튜닝은 고속회전에서 성능을 발휘해야 하기 때문에 하이 캠을 사용할 때에는 반드시 사용 목적에 알맞은 밸브 스프링을 보강하여야 한다.

우리가 여기서 알아야 할 점은 엔진의 튜닝을 시작하기 전에 사용 목적이 분명해야 한다. 예를 들어서 하이 캠축을 장착하게 되면 저속에서는 양산 엔진보다 토크가 많이 떨어지게 되어 저속 운행이 불편하다. 그리고 고속회전에 기준을 두고 스프링을 강화하게 되면 그 만큼의 손실 에너지가 발생하지만 이 방법은 고속회전에서 높은 출력을 얻으려는 목적이 더 크기 때문에 이런 점을 참고하여야 한다.

캠축은 저·중속회전에서 좋으면 고속회전에서 약하고 고속회전에 기준을 맞추게 되면 저속회전에서는 손해를 보게 되는 것이 캠축이다.

흔히 하이 캠축만 교환하면 저·중·고속회전에서 엔진의 성능이 향상될 것이라고 추측하는 것은 잘못된 생각이다.

캠 각도의 설정은 엔진 각 부분의 튜닝된 상태를 정확하게 이해하고 튜너가 추구하는 목표에 알맞은 각도의 캠축을 선택해야 한다.

04   하이 캠샤축이란?

하이 캠축의 정확한 설명은 하이 리프트 캠축이라고 말하며 하이 캠축의 가장 큰 역할은 오버랩 구간의 조절이다. 흔히 하이 캠축은 각도로 구별하는데 각도가 크게 되면 오버랩은 커지고 각도가 작으면 오버랩은 작아진다. 그래서 오버랩이 커지면 고속회전에서 흡·배기가 원활하게 되며, 저속회전에서는 실린더로 유입되는 동시에 빠져나가는 혼합기의 양이 많아지기 때문에 공회전이 불안하다.

앞에서 말했듯이 캠축은 아주 높은 정밀도를 요구하는 부품이기 때문에 헤드의 튜닝이 잘되어 있다면 고속회전에서의 성능을 높이기 위해서 캠 각도와 밸브, 스프링, 리프트 등의 밸런스가 잘 맞아야만 고출력의 엔진이 가능한 것이다.

중요한 것은 양산 엔진은 보통 저·중속 토크와 연비 등 경제성에 기준을 두고 있기 때문에 이러한 엔진에 무조건 하이 캠만을 장착 했다고 해서 성능의 향상에 큰 도움이 되지 않는다.

무엇보다 헤드의 튜닝을 완성하기 위해서는 캠축의 역할이 필요하게 되며, 각종 테스트를 통하여 안전한 방법으로 고성능의 엔진을 만드는 것이 중요하다. 그리고 하이 캠축은 직동식 시스템에 적합한데 이는 그만큼 순간의 반응 효과가 빠르고 정확하기 때문이다.

하이 캠축의 역할은 흡입 공기의 양을 최대한으로 증가시켜 높은 출력을 내기 위한 단한가지의 목적을 가지고 있기 때문에 반대인 저속회전에서는 상대적으로 효율이 떨어지는 단점이 있다.

> **Reference**
>
> ### 오버랩이란?
>
> 흡기 밸브와 배기 밸브가 동시에 열려있는 아주 짧은 시간을 말하며, 캠의 형상에 따라 오버랩을 조절할 수 있다. 다시 말해서 흡·배기 밸브가 동시에 열려있는 시점을 오버랩이라고 한다.

01

> **Reference**
>
> 하이 캠축의 단점은 고속회전에서 높은 성능을 기대할 수 있지만 저속회전에서는 아이들링 상태가 고르지 못하고 토크가 약하며, 심할 경우 엔진이 정지되는 경우가 발생하기 때문에 사용 목적에 알맞은 선택이 필요하다.

자연 흡기식 엔진에 있어서 지금까지 개발된 부품 중 가장 앞선 시스템이 가변 밸브 타이밍 방식이다.

이미 일본 혼다 자동차회사에서 자체 개발된 VTEC, 즉 가변식 캠이 적용되어 있으며, 이 시스템의 장점은 저속회전에서부터 고속회전까지 많은 영역에서 적합하도록 오버랩을 짧게 유지해 주는 방식으로 일반 캠축과 하이 캠축의 장점만을 가지고 있는 시스템이라고 볼 수 있다.

이 방식은 혼다자동차 s2000 모델에 최고 9000rpm까지 높은 회전을 가능하게 하여 일반인들에게 튜닝이 필요 없을 정도의 엔진을 자신 있게 세계 시장에 내놓았으며 그 기술력은 지금도 인정받고 있다.

이 엔진은 일반 *NA* 방식이지만 터보 엔진의 성능을 지닌 매력을 가지고 있기 때문에 별도의 엔진 튜닝이 필요 없을 정도이며, 터보차저 시스템이 갖추지 못한 단점을 해결하는 좋은 예이다.

> **Reference**
>
> 하이 캠축을 장착하였다면 ECU의 튜닝도 같이 해줘야 한다. 하이 캠축은 순정 ECU가 컨트롤할 수 있는 범위를 벗어나기 때문에 하이 캠축의 장착으로 인해 달라진 점화시기 등을 변화된 방식에 맞도록 조절하고 증가되는 공기량과 연료량을 각각의 회전영역에 일치하도록 조율해줘야 우리가 만족할만한 고성능의 엔진으로 튜닝을 완성시킬 수 있게 되는 것이다.

하이 캠이란 무엇인가 저자의 생각

우선 하이 캠이란 고속회전에서의 성능 향상에 목적을 두는 것이다. 그래서 저속회전에서는 토크가 많이 떨어지게 되며, 부드럽지 못한 운행이 되기 쉽다. 쉽게 말해서 하이 캠 제작은?

❶ 캠이 리프트 되는 시점 즉 각도를 어디에 줄 것인가?

❷ 얼마나 많이 밸브를 리프트 해줄 것인가?

❸ 그리고 밸브가 열려있는 시간(리프트 되는 시간)을 얼마나 길게 할 것인가?

하는 정도이지 별 다른 것은 아니다. 다시 말해서 하이 캠축으로의 튜닝은 사용 목적에 따라서 결정하여야 한다. 우리가 마치 하이 캠축만 교환하면 대단히 좋을 것이라고 생각되지만 절대 그것만으로는 원하는 것만큼 성능의 향상을 기대한다는 생각은 무리가 따르게 된다.

마지막으로 하이 캠이란 캠의 각도와 위치를 변경해서 고성능의 엔진으로 튜닝을 하여 고회속전에서 목적에 준하여 조율하는 것이지 근본적인 하이 캠에 대한 명칭과 정의란 없다.

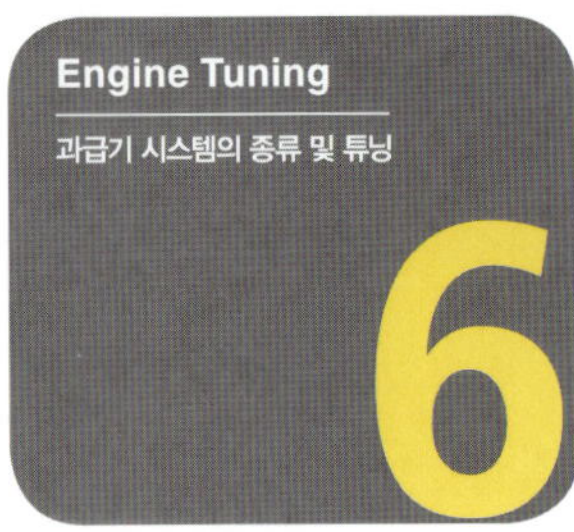

Engine Tuning
과급기 시스템의 종류 및 튜닝

6

과급기 시스템의 종류 및 튜닝

charger System

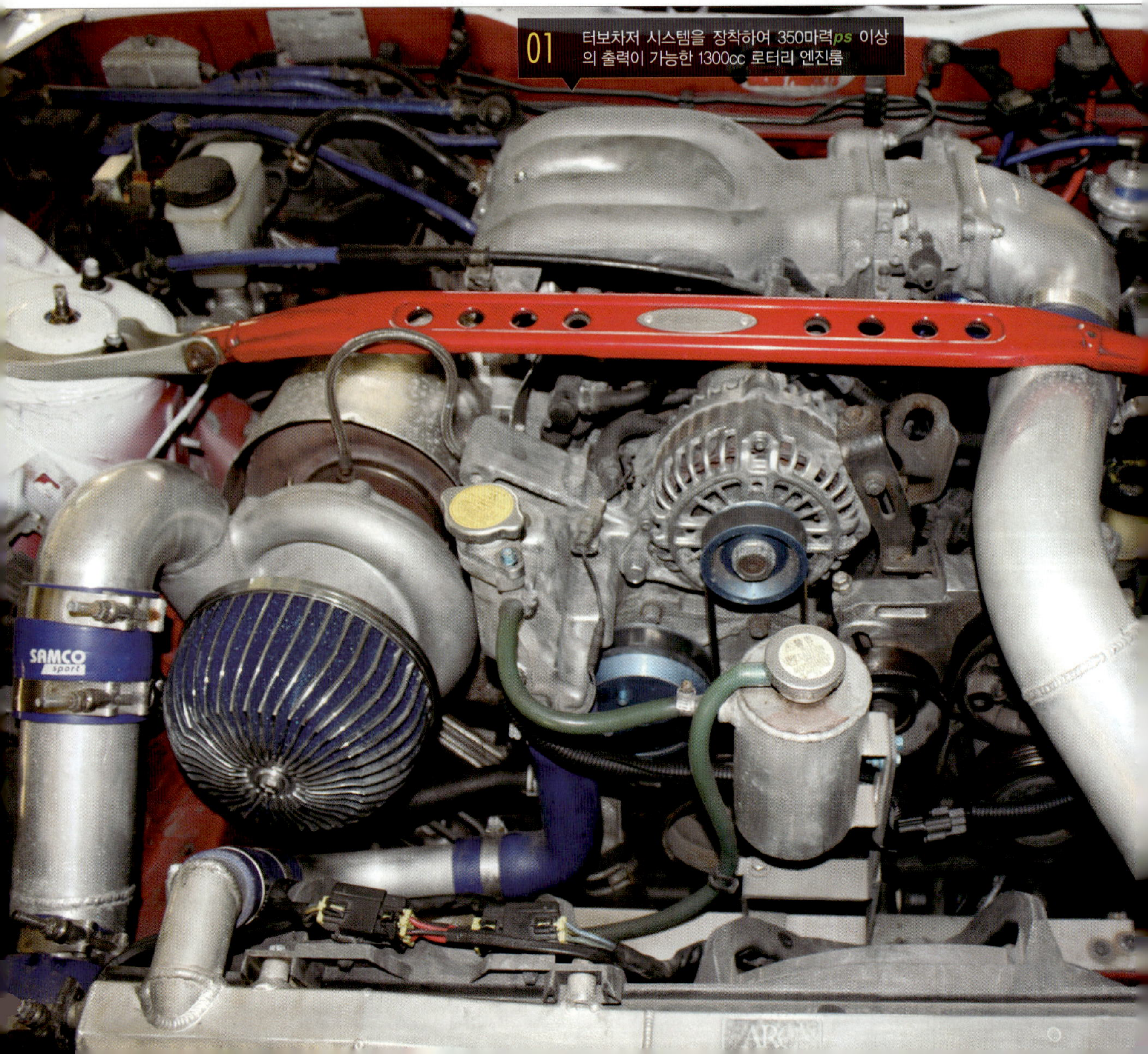

01 터보차저 시스템을 장착하여 350마력ps 이상의 출력이 가능한 1300cc 로터리 엔진룸

보통 엔진은 피스톤이 하강하면서 밸브가 열리게 되면 공기를 흡입하는 방식이다. 그러나 이 방법만으로는 고출력의 엔진을 기대하기는 어려우며, 특히 고속으로 엔진이 회전하게 되면 더욱 흡입량이 감소되는 것이 일반*NA* 엔진의 단점이라고 할 수 있다.

그래서 엔진의 출력 향상을 위해 개발된 것이 과급기 시스템이다.

과급기란?

강제로 많은 량의 압축 공기를 연소실로 이동하게 하여 엔진의 출력을 높여주고 혼합비율을 향상시키는 장치를 과급기라고 하며, 이 역할을 터보차저*turbo charger*, 슈퍼차저*super charger* 등이 하게 되는데 우리나라에서 생산되고 있는 엔진에는 주로 터보차저 시스템이 적용되고 있다.

02 약 300마력*ps* 이상의 출력이 가능한 2000cc 터보차저

(1) 과급 압력^{과급압} 시스템의 종류

터보차저 시스템, 전동기식 슈퍼차저 시스템, 컴프레서 시스템 등의 여러 종류가 있지만, 우리나라에서는 아직 이러한 시스템 등이 승용자동차에는 탑재되고 있지 않기 때문에 여기에서는 우리가 흔히 접할 수 있는 터보차저 시스템에 대해서 알아보기로 한다.

03

01 터보차저 시스템*turbo charger system*

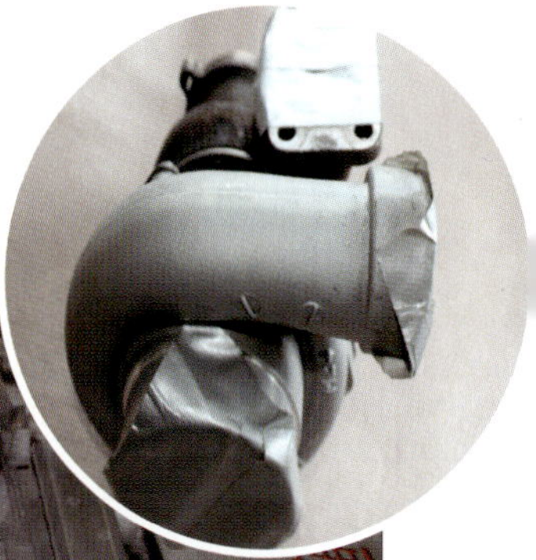

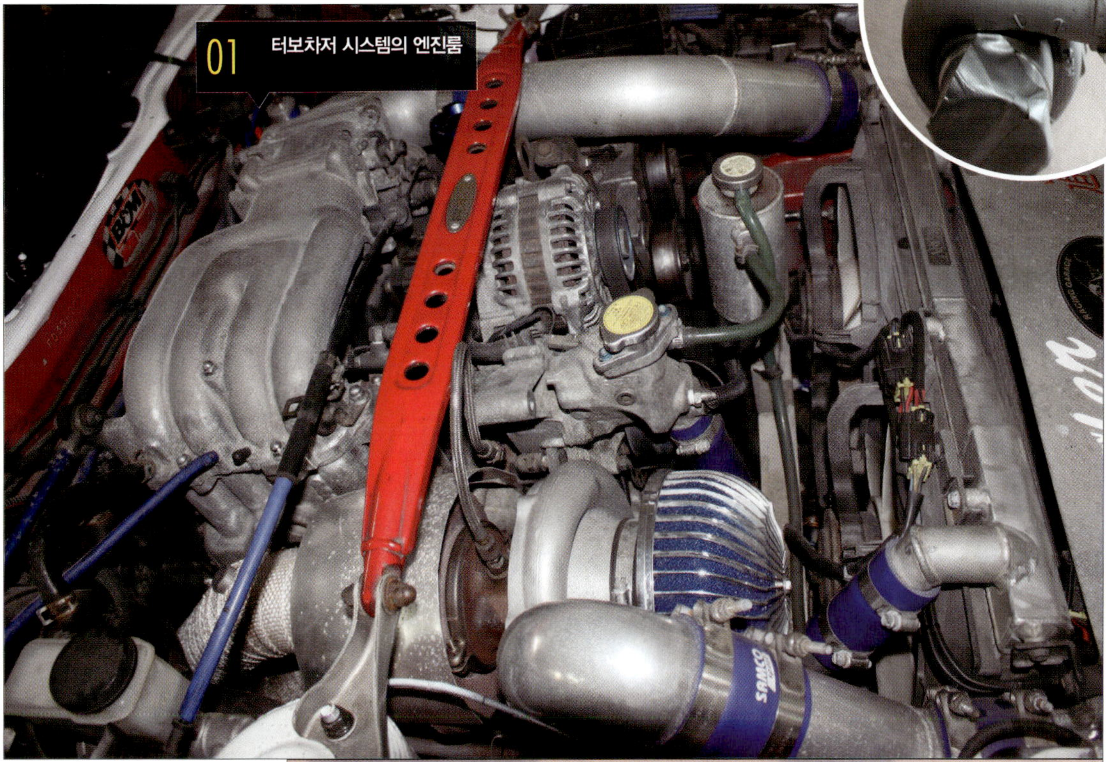

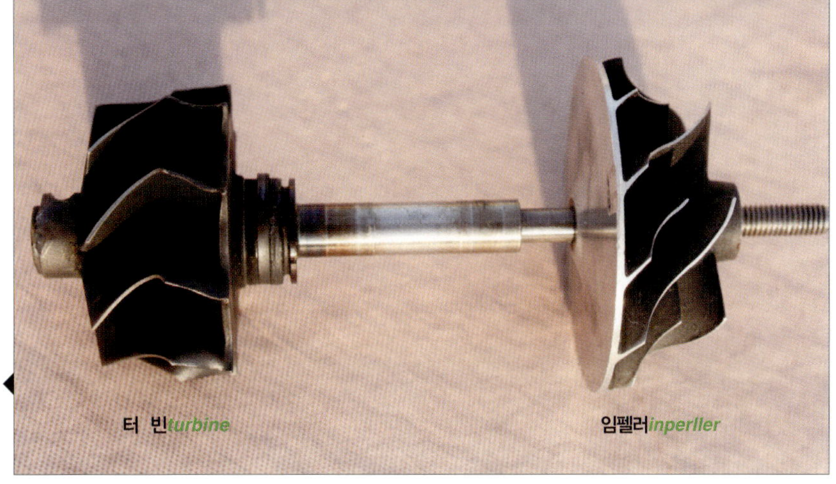

01 터보차저 시스템의 엔진룸

02 강한 배기 압력에 의해서 회전하는 임펠러는 1분에 약 200,000rpm 이상으로 회전하는 터빈과 임펠러

터보차저 시스템은 연소실의 압축비가 일반 엔진(NA 엔진)보다 낮기 때문에 저속회전에서는 토크가 많이 떨어지게 된다. 그 이유는 엔진이 저속회전에서는 터보차저가 그 기능을 충분히 발휘하지 못하기 때문이다.

전동기식 슈퍼차저 시스템은 연소실의 압축비가 일반 엔진과 비슷하다. 그러기 때문에 엔진의 회전속도가 변할 때마다 빠른 응답으로 작동되며,

좋은 토크와 더불어 연비가 좋은 편이다.

컴프레서 방식은 압축 공기를 연소실로 직접 이동시켜 주기 때문에 저·중·고속회전에서 일정한 토크는 매우 인상적이며, 지금도 벤츠 엔진에 적용되고 있다.

양산 엔진에 장착되는 매니폴드는 대량으로 생산해야 하기 때문에 성능에는 조금의 차이가 있다. 터보차저를 장착하였을 때는 높은 출력을 얻

03 1200℃ 이상의 고열과, 강한 배기 압력을 견뎌내는 터빈은 특수하게 제작되었다.

엔진의 연소실 안에서 폭발 후에 이루어지는 배기 압력은 매우 강력하다. 엔진에 따라 다르지만 폭발 후 배기가스 압력의 위력은 상당하며, 이는 손바닥을 가까이 했을 때 부상을 입힐 정도로 대단히 강력하다.

04 터빈과 연동되어 바람을 일으키는 임펠러는 배기쪽의 터빈보다는 좋은 조건에서 회전한다.

05 일반 엔진에 조립되어 있는 매니폴드와 터보 차저

을 수 있어야 하며, 사용 목적에 따라서 배기 매니
폴드*manifold*의 직경과 매칭이 잘 이루어져야 한다.

아무리 좋은 엔진이라도 배기 라인의 라운드
각이 유연하지 못하면 배기 간섭으로 인해 연소실
에 잔여 가스가 남아 있게 되기 때문에 터보의 기
능이 떨어진다.

터보차저의 설치 방법 및 효과

연소실에서 폭발 후의 배기 압력이 일정해야만 터보차
저 기능도 향상되기 때문에 매우 높은 고속회전으로 작
동되는 터보차저를 일정한 성능으로 유지시켜 주기 위
해서는 배기라인의 압력을 같게 해줌으로써 터보차저의
기능을 한층 더 향상시킬 수 있다.

06 대용량 터보차저가 성능을 발휘할 수 있도록 튜닝된 매니폴드

(1) 터보차저 시스템의 특징

고성능의 엔진으로 튜닝을 하는데 있어서 빼놓을 수 없는 것 중에 하나가 바로 터보차저의 튜닝이라고 할 수 있다.

엔진의 성능을 높이는데 있어서 터보차저의 튜닝은 마니아들이 가장 선호하고, 호응도가 높은 시스템이다.

❶ 성능 향상 : 엔진의 출력 향상은 자연 흡기식NA 일반 엔진과 비교 한다면 약 30~100% 이상까지도 출력의 상승이 가능하나 많은 경비와 내구성 등을 고려하여 사용 목적에 준해야 한다.

❷ 배기가스 감소 : 배기가스 압력을 에너지로 활용하는 시스템이며, 버려지는 배기가스 압력을 출력의 상승에 활용하는 방식이기에 연소실에 많은 량의 공기가 강제로 흡입되어 터보차저의 기능이 활발해지면 높은 연소효율로 인하여 배기가스가 감소하게 된다.

❸ 작지만 힘이 강하다 : 같은 마력의 자연 흡기식 엔진보다 가벼우며, 일의 능률이 높기 때문에 지금도 국내에서는 디젤 터보 엔진이 많이 생산되고 있으며, 특히 굴삭기포크레인, 엑스카베이터 등의 중장비 엔진에는 터보 엔진이 많이 쓰이고 있다.

❹ 터보차저 시스템 단점 : 엔진이 낮은 회전에서는 성능을 발휘하기가 힘들며, 특히 저속회전에서는 엔진의 특성상 배기가스가 많이 발생하고 토크도 떨어지며, 높은 회전rpm에서만 성능을 발휘하는 것이 아쉽다. 그리고 가격이 비싸고 설치가 복잡하며, 수명이 짧은 것이 터보차저의 단점이라고 할 수 있다. 하지만 일반 엔진은 저·중속회전에서 유리하고 터보차저 엔진은 중·고속회전에서 더욱 성능을 발휘할 수 있는 장점 때문에 지금도 스포츠카와 경주용 자동차에 많이 장착되고 있다.

(2) 일반상식

❶ 터보차저

　터보차저는 항공기 엔진을 연구하면서 출력의 향상을 위한 노력으로 연구하기 시작하였으며, 엔진에서 요구되는 충분한 압축 공기를 연소실 안으로 충족시켜주기 위한 방법으로 개발되었다.

　앞에서 말했듯이 터보차저는 낮은 회전에서는 기능이 떨어지기 때문에 저·중속회전에서 신속한 토크를 원할 것인지, 고속회전에서 출력*power*을 원할 것인지를 결정하고 터보차저의 크기 등을 사용목적에 따라서 선택하여야 한다.

　요즘 터보차저는 기술의 발달로 인해 작은 터빈이라 할지라도 회전의 범위 넓고 성능이 다양하기 때문에 원하고자 하는 터보차저의 튜닝이 가능하지만 그래도 빠른 응답을 원할 경우라면 작은 터빈을 사용하고 있으며, 고속회전에서의 고출력을 희망할 경우라면 응답성은 조금 떨어진다고 해도 1단계 더 큰 터빈을 사용하는 것이 보통이나 이 방법은 주로 높은 회전에서 레이스를 하는 경주용 자동차 등에 많이 상착되고 있다.

02 슈퍼차저 시스템 *Supercharger System*

터보차저 다음으로 우리들에게 친근한 것이 슈퍼차저 시스템이다. 아직은 우리나라에서 생산되고 있지 않지만 원래는 슈퍼차저 시스템이 먼저 개발되었다. 보통 터보차저와 슈퍼차저의 원리를 혼동하는 경우가 있는데 터보차저와 슈퍼차저는 출력의 향상을 위한 목적은 같지만 작동하는 방식은 완전히 다르다.

앞에서 말했듯이 터보차저는 배기의 압력으로 터빈을 돌리는 방식이지만 슈퍼차저는 엔진의 구동력에 의해서 작동되어 엔진으로 과급하는 방식이다. 그리고 슈퍼차저 방식은 저속회전에서부터 고속회전까지 다양한 영역에서 토크가 신속하게 반응하지만 고속회전의 영역에 들어서면 슈퍼차저는 고성능 면에서는 터보차저에 비하여 성능이 더 떨어진다.

포르쉐 박사와 슈퍼차저의 스토리

고성능 엔진 기술의 발전은 대부분 모터스포츠를 통해서 성장하였고 과급기 방식도 경주용 자동차의 성능을 높이기 위한 방법으로 개발되었다. 벤츠사는 1922년 최초로 수퍼차저를 탑재한 경주용 자동차를 선보였으며, 그 후에 100마력 엔진을 최고 160마력까지 끌어올리는 등 슈퍼차저의 기술을 꾸준히 이어갔다. 슈퍼차저의 기술을 완성시킨 사람은 벤츠자동차의 기술책임자였던 페르디난트 포르쉐 박사였다. 그 후로 포르쉐 박사는 자신의 이름을 딴 포르쉐 스포츠카를 세상에 선보이게 되었다.

지금도 선택의 폭이 가장 크고 누구나 주인공을 만들어 주었으며, 어떤 컬러도 소화시킬 줄 아는 포르쉐자동차는 젊은이들의 사랑 속에 아직까지도 스포츠카의 대명사로 자리매김을 하고 있다.

03 컴프레서 방식*Compressor System*

작동되는 과정은 슈퍼차저 방식과 비슷하다. 다른 점은 터보차저 시스템에서 할 수 없는 장점을 가지고 있다고 볼 수 있겠다.

터보차저 방식은 저속회전에서는 전혀 기능을 발휘할 수 없지만, 컴프레서 방식은 저·중속에서도 압축된 공기를 연소실 안으로 공급하기 때문에 상당히 앞선 방식이다.

엔진의 낮은 회전에서도 강력한 토크는 상당하며, 정확한 혼합비율로 인하여 배기가스를 많이 줄여주는 효과가 크다. 오늘날에도 벤츠 엔진에 이 컴프레서 방식을 많이 장착되어 있으며, 가격이 매우 고가이다.

벤츠 AMG 엔진의 경우 실린더 헤드 바로 위에 장착되어 있으며, 부피가 많이 큰 것이 흠이다.

우리나라에서는 아직 생산하고 있지 않으나 앞으로 이런 방식이 기대 된다고 할 수 있으며, 컴프레서 방식의 튜닝은 보통 풀리의 크기에 의해 회전을 조절하는 방식으로 이루어지고 있다.

04 전동기 방식*Motor System*

전동기 모터 방식은 배기 압력이나 벨트의 연결로 작동되지 않는 모터 방식이다. 배터리 전기로 인해 작동되는 전동기 방식은 터보차저나 컴프레서 방식에 비해서 압력은 약하지만 일반*NA* 엔진에는 완전연소에 의한 출력의 향상이 좋고 인터 쿨러가 필요 없지만 부피가 크고 배터리의 소모가 많은 편이다.

Engine Tuning

인터 쿨러의 종류 및 튜닝

7

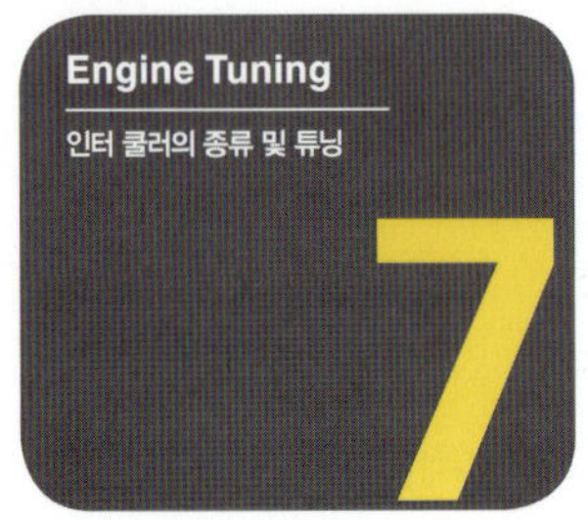

인터 쿨러의inter cooler 종류 및 튜닝

터보차저에서 터빈은 배기 압력에 의해서 작동되며, 이와 연동되어 회전하는 임펠러는 외부의 공기를 흡입하여 압축 공기를 연소실 안으로 공급하는 장치이지만 고속회전으로 흡입되는 과정에서 마찰에 의한 압축된 공기 온도가 높아지게 되면 산소의 밀도가 떨어지게 되어 출력이 감소하게 된다.

그래서 인터 쿨러는 뜨거워진 압축 공기를 냉각시켜 주는 간단한 방식이지만 엔진의 연소 효율이 상승되어 높은 출력을 기대할 수 있기 때문에 터보차저 시스템에 있어서 인터 쿨러의 역할은 아주 중요하다고 할 수 있다.

특히 터보차저 시스템에 있어서 인터 쿨러의 역할은 엔진이 고속회전으로 작동하면 터보차저도 동시에 반응하면서 많은 량의 공기를 흡입하여 압축하게 되는데 이때 연소실로 이동되는 뜨거운 공기로 인하여 엔진에서 노킹knock 현상이 발생 할 수 있기 때문에 노킹의 방지를 위해 압축 공기를 냉각시켜야 한다.

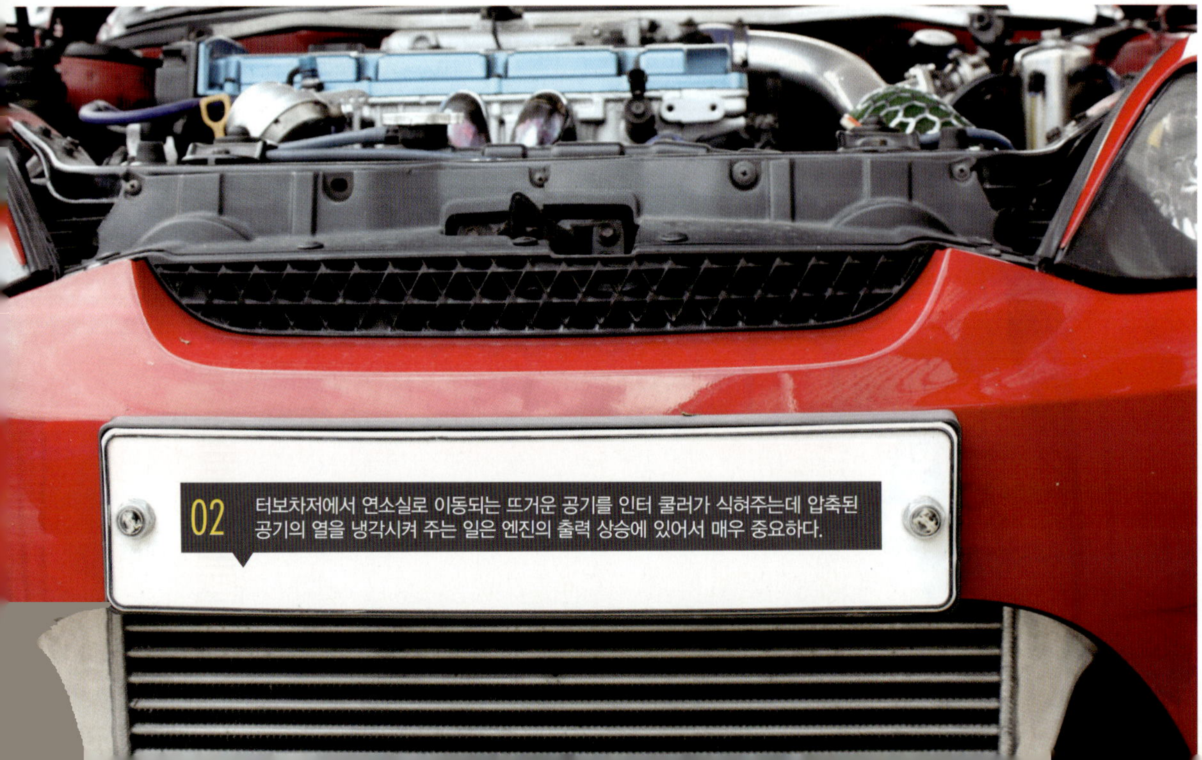

02 터보차저에서 연소실로 이동되는 뜨거운 공기를 인터 쿨러가 식혀주는데 압축된 공기의 열을 냉각시켜 주는 일은 엔진의 출력 상승에 있어서 매우 중요하다.

인터 쿨러의 종류는 크게 나눈다면 공랭식과 수냉식이 있으며, 공랭식 인터 쿨러는 자동차가 주행 중에 외부의 공기에 의해서 냉각시키는 간단한 방식이고, 수냉식은 물로 공기의 열을 식혀주는 방식이지만 주로 밀폐된 공간에서 작동되는 선박 엔진 등에서 사용되고 있다.

02 냉각 효율을 높여주기 위해 알루미늄으로 특수하게 제작된 인터 쿨러

03 연소실로 이동되는 뜨거워진 공기를 냉각시키는 인터 쿨러는 연소 효율을 높여주고 노킹 현상을 방지해 주는 등 엔진 성능의 향상에 많은 도움을 주고 있다.

01 인터 쿨러의 효율을 높여주기 위한 설치 방법

공랭식 인터 쿨러는 설치하는 위치에 따라서 반응이 다르게 나타나는데 실린더 헤드 위쪽에 설치하면 연결되는 호스가 짧기 때문에 응답성이 좋고, 엔진 앞쪽에 설치하면 연결하는 관이 길어지기 때문에 응답성은 조금 더 느리지만 그래도 라디에이터 앞쪽에 설치하는 것이 냉각 효율이 높아 출력의 향상에 더 좋다고 할 수 있다.

그리고 인터 쿨러의 용량 선택은 공기의 온도를 어디까지 냉각시켜주느냐에 따라서 달라진다. 물론 엔진의 성능과 과급 압력을 참고하여야 하겠지만 출력의 상승을 위한 흡입 공기의 온도는 보통 45~50℃ 정도가 적당하다고 할 수 있다.

그러나 고출력을 중요시 할 때에는 넉넉한 인터 쿨러를 사용하여 온도를 더욱 낮게 세팅하지만 특히 4계절이 있는 우리나라의 경우 여름철과 겨울철의 기복이 심하게 되면 연소를 악화시키므로 용도에 따라서 선택을 잘하여야 한다.

인터 쿨러의 필요성

터보차저에서 발생되는 압축 공기는 마찰과 압력에 의해 온도가 매우 높게 상승하는데 연소실로 이동되는 흡입 온도를 냉각시켜주고 과급 압력을 더욱 높여서 출력을 상승시킬 목적으로 인터 쿨러를 장착하고 있다. 그러나 인터 쿨러가 불필요하게 크면 응답성이 늦고 추운 겨울철에는 오히려 손해를 보게 된다.

01 참고로 인터 쿨러의 용량이 작으면 높은 공기 온도에 의해서 성능이 떨어지게 되지만 그렇다고 필요 이상으로 대용량의 인터 쿨러를 장착하게 되면 오히려 응답성이 떨어짐으로 엔진의 성능에 적합한 인터 쿨러를 선택하여야 한다.

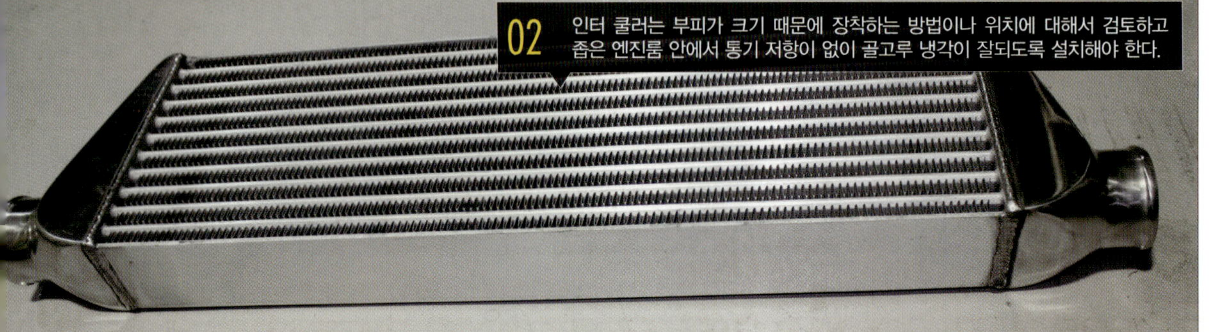

02 인터 쿨러는 부피가 크기 때문에 장착하는 방법이나 위치에 대해서 검토하고 좁은 엔진룸 안에서 통기 저항이 없이 골고루 냉각이 잘되도록 설치해야 한다.

02   냉각 방식이 각각 다른 인터 쿨러

인터 쿨러의 종류는 크게 공랭식과 수냉식으로 분류하며, 각 시스템의 공기를 냉각시켜 주는 방식은 각각 다르다.

공랭식은 자동차가 달리면서 발생되는 자연 바람에 의해 냉각되며 지금은 이 방식을 주로 사용하고 있다. 공랭식의 일종인 모터 냉각 방식은 야전 등에서 느린 속도로 언덕을 오를 때 팬으로 공기를 냉각시켜주는 방식이다.

일부 슈퍼카 튜닝 엔진이 수냉식이지만 주로 공랭식 시스템을 선호하고 있다. 왜냐 하면 자동차가 달리면서 공기의 영향을 받아 인터 쿨러를 냉각시켜 주는 간단한 방식이기 때문이다.

인터 쿨러와 터보차저의 관계

엔진의 튜닝은 고성능의 엔진으로 완성하는데 그 목적이 있다. 엔진의 튜닝에 있어서 터보차저가 크게 되면 인터 쿨러도 그에 비례하여야 하며, 튜너가 고속회전에 목표를 두거나 레이스에 필요로 하는 경주용 자동차 등에는 사용 목적에 따라서 인터 쿨러의 크기를 결정하여야 좋은 결과를 기대할 수가 있다.

Engine Tuning

배기 라인 튜닝

8

배기 라인 튜닝

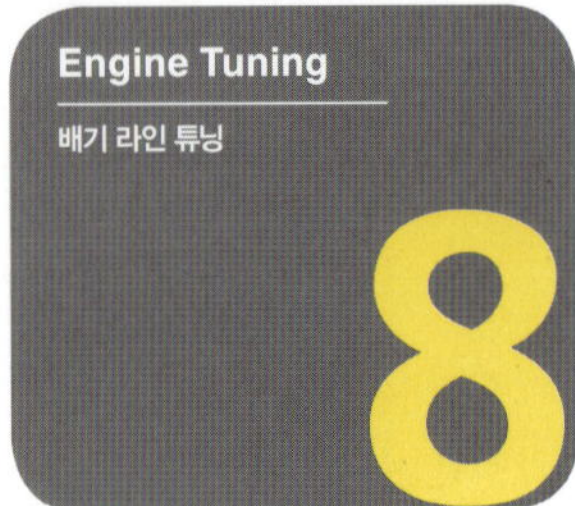

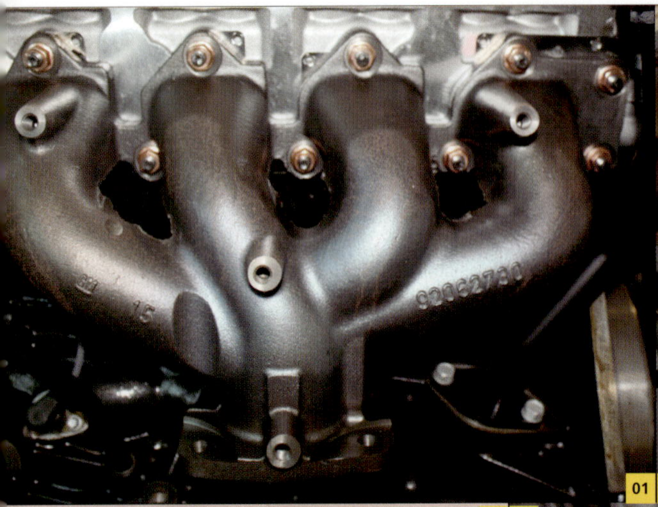

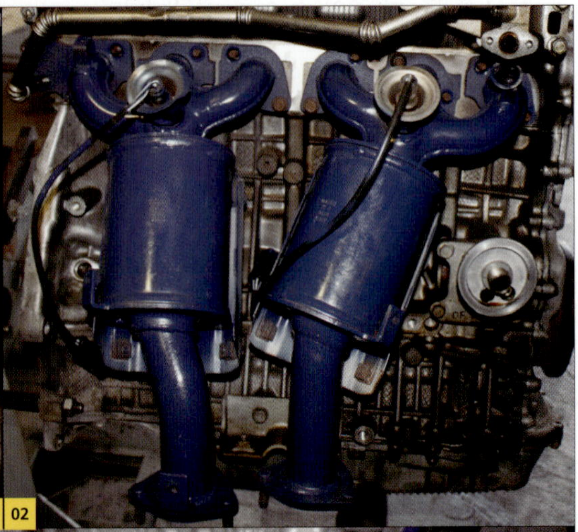

01 02

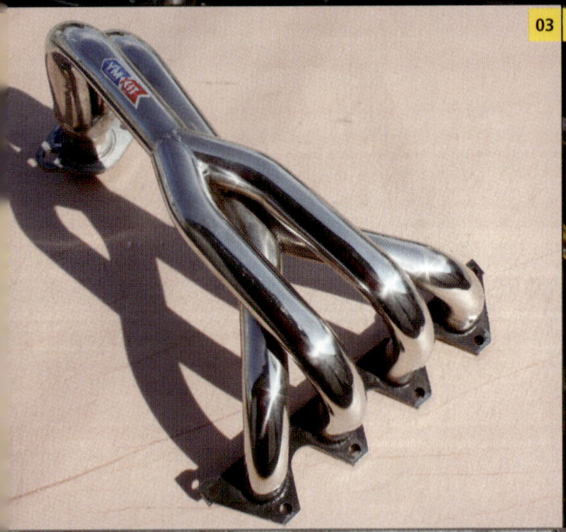

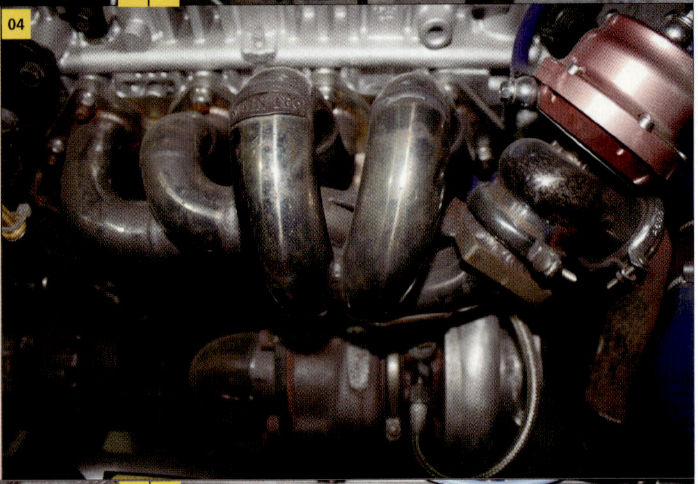

03 04

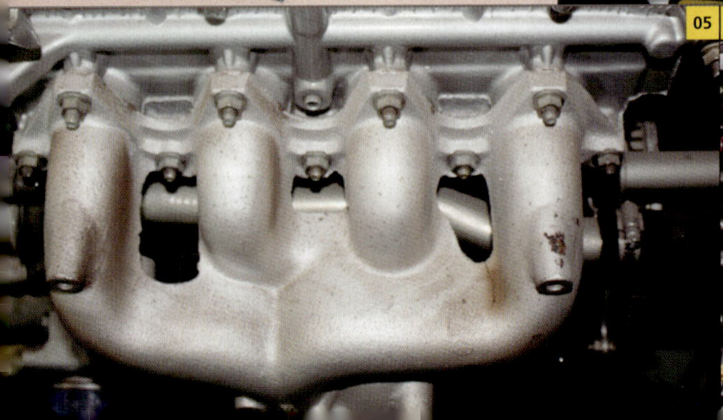

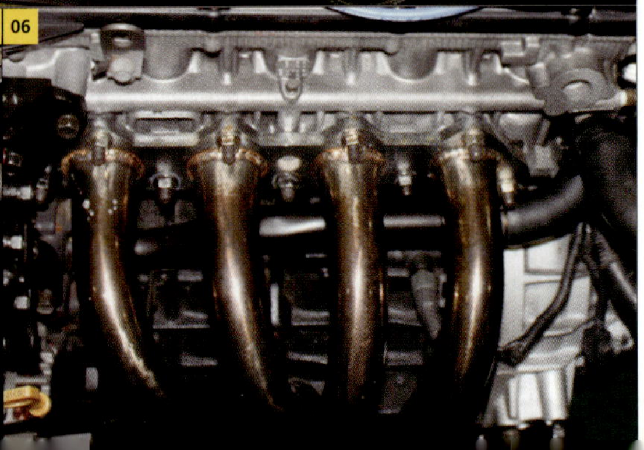

05 06

01 배기 매니폴드와 촉매 *Catalyst*

요즘에 양산되고 있는 배기 매니폴드는 엔진의 성능에 영향이 있어도 환경에 무게를 두고 제작된다고 볼 수 있다. 왜냐하면 배기가스의 열이 집중되는 곳에 촉매 컨버터를 설치함으로서 배기가스를 좀 더 줄일 수 있기 때문이다.

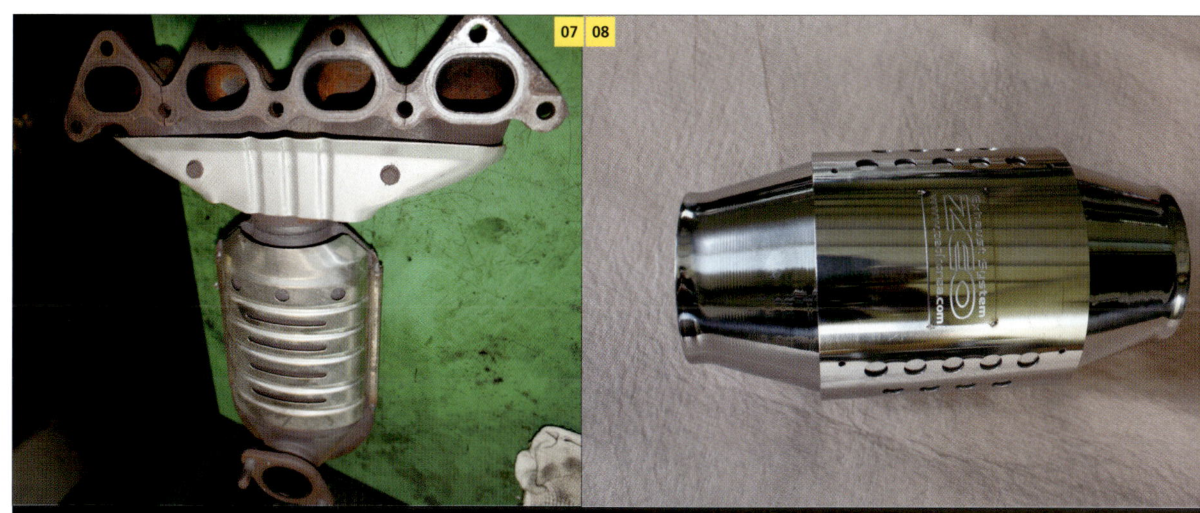

01 주물로 제작된 양산용 4기통 배기 매니폴드

02 경량화된 신형 직렬 6기통 배기 매니폴드와 촉매장치

03 배기가스가 라인을 타고 부드럽게 흐를 수 있도록 제작되어 있는 자연 흡기식 매니폴드

04 배기 효율을 높여 터보차저의 성능을 향상시키기 위해 제작된 배기 매니폴드

05 내면이 거칠고 배기의 흐름이 불규칙한 상태에서 촉매 컨버터가 설치되는 양산용 매니폴드

06 경주용 자동차 등 일부 특수 자동차는 성능의 향상을 위해 촉매 컨버터를 제거한 상태에서 레이스를 하게 된다.

07 엔진의 성능이 향상되면 그만큼 배기량이 증가하기 때문에 촉매 컨버터의 용량을 늘려 줄 필요가 있다.

08 고성능 엔진에 사용되는 대용량 촉매 컨버터

(1) 일반 배기 매니폴드

배기 매니폴드는 높은 열과 압력을 받으며 배기의 역할을 담당하기 때문에 내구성 등을 고려하여 양산 제품은 대부분 주물로 만들어져 있으며, 중량이 무겁고 외관이 둔탁한 편이다.

그리고 대량생산으로 인하여 내면이 거칠고 정교하지 못한 탓에 꺾어지는 각이 심한 곳은 배기 가스가 배출되는 과정에서 간섭을 받게 되어 연소실에 잔류 가스가 남게 됨으로써 그 만큼의 흡입 효율이 떨어지게 된다.

이렇게 되면 연소실에서 배기가스가 매끄럽게 배출되지 못하고 연소실 안에 잔류 가스가 조금이라도 남게 되면 잘된 엔진의 튜닝이라 할지라도 배

09   SOHC 자연 흡기식 배기 매니폴드

10   DOHC 자연 흡기식 배기 매니폴드

11   부드러운 배기라인이라고 하여도 플렉시블*flexible*의 주름진 부분에서 배기 흐름의 간섭을 주는 경우도 참고 되어야 한다.

출량이 각 기통마다 각각 다르게 되어 지금까지의 많은 노력에 비해 만족도가 떨어질 수도 있기 때문이다.

12 완충 작용을 하는 플렉시블의 역할도 세심한 관찰이 요구된다.

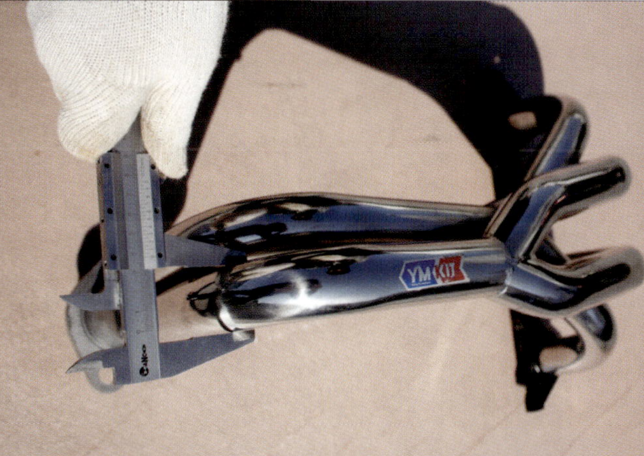

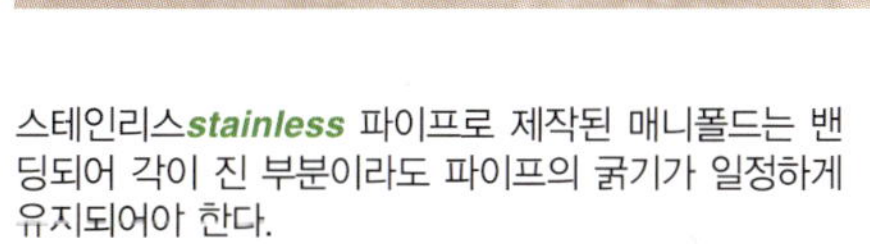

스테인리스*stainless* 파이프로 제작된 매니폴드는 밴딩되어 각이 진 부분이라도 파이프의 굵기가 일정하게 유지되어야 한다. **13**

14 고성능의 엔진으로 튜닝하는 경우에는 터보차저가 최대한으로 성능을 발휘할 수 있도록 하기 위해서는 배기 매니폴드의 역할이 중요하다.

15 촉매 컨버터의 효과가 크지만 고성능의 엔진을 완성하는 입장에서 본다면 배기의 간섭으로 인하여 성능이 좀 더 떨어지게 된다.

16 촉매 컨버터가 함께 조립되어 있는 배기 매니폴드

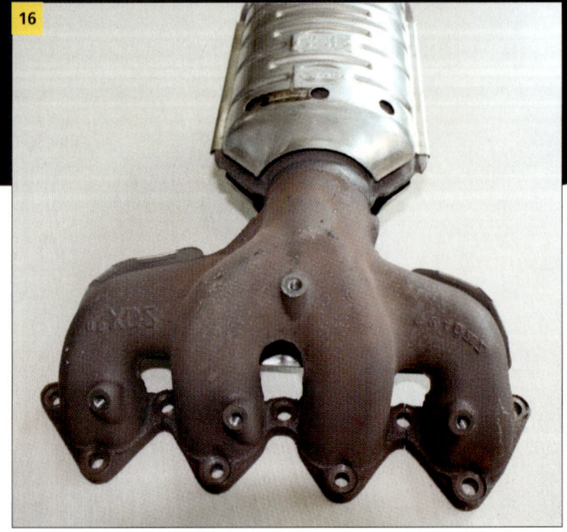

특히 요즘의 엔진은 촉매 컨버터의 효과를 높이기 위한 수단으로 배기 매니폴드가 한곳으로 모아지는 가장 가까운 자리에 촉매 컨버터를 설치하고 있기 때문에 배기의 흐름의 간섭이 많지만 이는 뜨거운 배기 열이 촉매 컨버터와의 거리가 가까울수록 촉매 컨버터의 효과가 더 크기 때문이다.

그래서 요즘은 고성능의 엔진으로 튜닝하는 입장에서 본다면 촉매 컨버터로 인한 출력의 손실은 상당하다고 할 수 있다.

처음에는 촉매 컨버터가 자동차 밑바닥 중간의 머플러 중심부에 설치되어 있었기 때문에 별로 큰 문제는 없었다. 그러나 지금은 배기 매니폴드와 연결되어 실린더 헤드와 매우 가깝게 설치되어 있기 때문에 고성능의 엔진을 완성하는데 있어서 걸림돌이 되는 것은 사실이다.

그러나 이러한 방법을 존중해야 함은 고속회전에서의 출력의 손실을 감안하여도 자동차의 배기가스를 줄이기 위한 환경기준이 우선이기 때문이다.

17 배기가스 흐름에 간섭을 주며, 작동되는 터보차저 엔진의 경우 얻어지는 에너지가 훨씬 더 많기 때문에 이 방법을 사용하고 있다.

Reference 경주용 자동차나 특수 엔진의 경우는 촉매 컨버터가 특별하게 제작 되었거나 제거된 상태로 주로 레이스를 하고 있다. 이는 엔진이 고속으로 회전하면서 배기가스의 흐름에 간섭을 받게 되면 엔진의 성능을 충분히 발휘할 수 없기 때문이다.

배기 파이프는 배기가스가 빠른 속도로 배출될 수 있도록 이동시켜 주는 통로이다. 그러나 소음과 진동에 신경을 써야하며, 자동차의 바디 라인에 따라 파이프가 휘어져야 하기 때문에 배기가스의 흐름에 간섭을 주지 않도록 노력하여야 한다.

특히 양산되는 배기 파이프의 경우 휘어지는 부분이 일정하지 못하고 오히려 직경이 작게 되는 경우가 있는데 이는 대량 생산을 목표로 두기 때문이다.

그리고 엔진의 성능에 따라서 파이프의 굵기를 잘 선택하여야 하며, 필요 이상으로 파이프의 직경이 크게 되면 토크가 떨어질 수 있기 때문에 주의하여야 한다.

01 머플러 내부에 칸막이 설치 등으로 소음을 줄이는데 비중을 많이 두는 양산형 머플러

머플러의 기본은 소음과 진동 등을 줄여주는 역할이다. 머플러가 엔진에서 폭발 후에 배출되는 배기가스의 매우 큰 소음 등을 줄여주는 기능을 담당하지만 이는 간단하지가 않다.

왜냐하면 매우 불규칙하게 많은 양의 배기가스가 밖으로 배출되는 과정에서 소음, 진동, 방음, 방열 등이 작은 공간 안에서 한꺼번에 해결되어야 하기 때문이다. 아직까지 머플러에 대한 정확한 제원은 없다.

같은 2000cc 엔진도 일반*NA* 엔진과 터보차저가 장착된 엔진은 배출 용량이 많이 다르게 된다. 이는 출력의 상승으로 인해 터보차저 엔진의 배출량이 훨씬 더 많기 때문에 머플러의 배출 용량도 더 많게 된다.

머플러의 튜닝은 사용 목적에 따라서 제작하다 보니 그 종류도 다양하다. 마플러의 종류를 크게 나눈다면 일반용, 스포츠용, 레이스용 등으로 분류할 수 있으며, 기술의 발전으로 요즘에는 스테인리스, 알루미늄, 카본, 티타늄 등 다양한 소재로 제작되고 있다.

앞서 말했듯이 아직까지 머플러에 대한 특별한 제원이나 정의는 없으며, 불규칙적으로 작동되는 엔진의 성능에 따라서 각기 다르기 때문에 여러 가지의 머플러가 다양하게 개발된 이유도 이 때문이며, 앞으로 우리가 좀 더 연구해야 할 부분이라고 할 수 있다.

02 튜닝 머플러는 주로 흡음재를 사용하여 제작하여 배기음은 흡수하고 배기 효율을 높여주는 방식이다.

Reference

일반적으로 양산되는 머플러는 소음, 진동, 방음, 방열 등을 작은 공간 안에서 해결하여야 하고 무엇보다 엔진은 수시로 저속·중속·고속회전으로 요동치며, 변하게 되는데 머플러 하나로 그 역할을 모두 소화시켜야 하는 어려움을 안고 있다고 하겠다. 그렇기 때문에 레이스용 머플러는 배기의 효율을 극대화시켜서 최대한으로 출력을 끌어올리기 위한 방법으로 머플러를 제작하다 보니 사운드가 높아지게 되었고, 강렬한 배기 사운드는 마치 자동차 경주의 심벌처럼 느껴지는 것이다.

Engine Tuning
엔진 오일
9

엔진 오일
Engine Oil

01 크랭크축 등이 유연하게 작동할 수 있도록 실린더 블록의 오일 라인을 크게 해줄 필요가 있다.

02 힘의 근원이 되는 크랭크축과 메탈 베어링이 유연하지 못하게 되면 아무리 잘된 엔진의 튜닝이라 해도 좋은 결과를 기대하기 어렵게 된다.

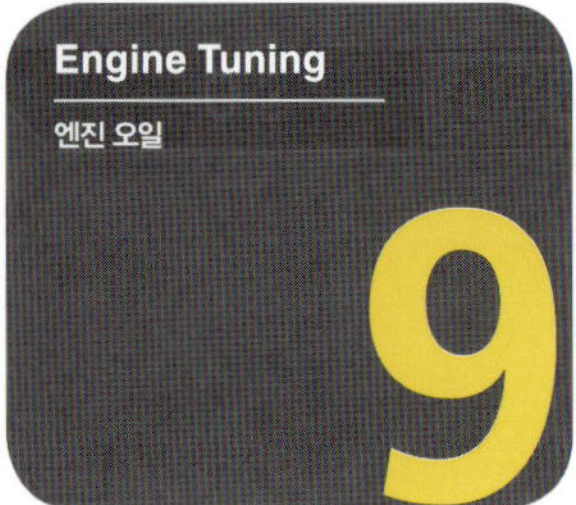

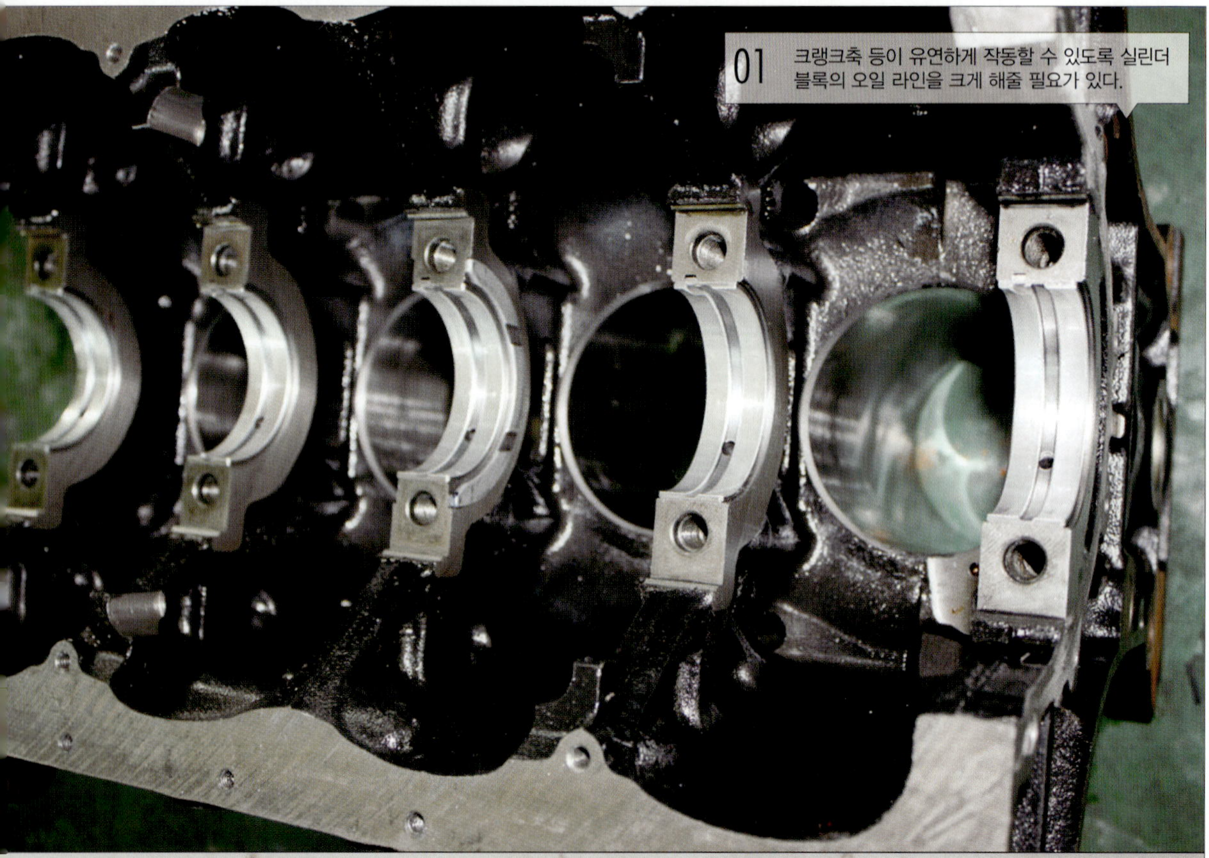

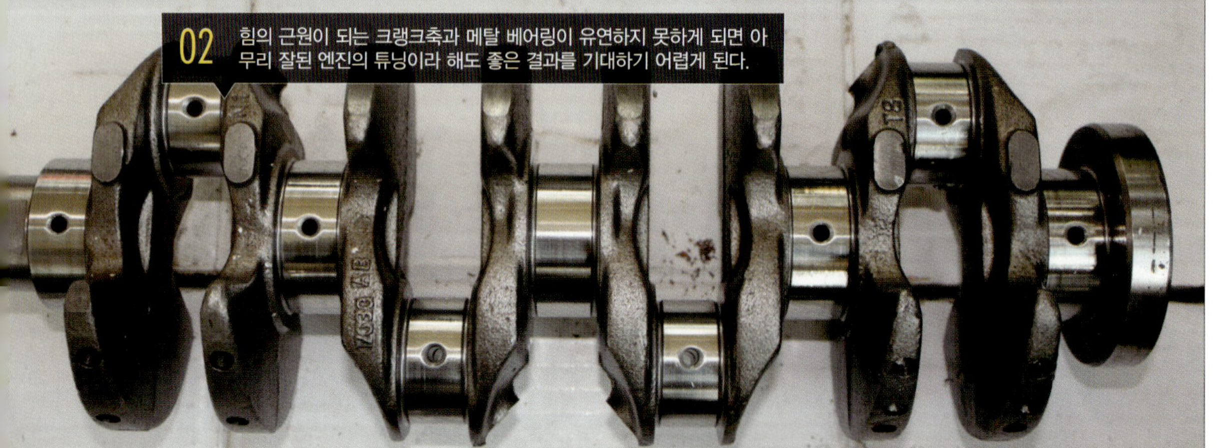

엔진 오일은 엔진이 작동하면 부품과 부품사이에서 마찰에 의해 발생되는 엔진의 열을 흡수 냉각하고 윤활작용으로 인해 저항 손실을 줄여주는 일을 담당하게 된다.

고속회전으로 작동되는 엔진의 튜닝에 있어서 기술적인 방법으로 각 부품이 서로 연결되어 작동되는 부분의 마찰 손실을 줄여주는 일이 중요하다고 할 수 있는데 여러 가지 방법 중에서 오일 라인을 좀 더 크게 해주면 마찰 부분이 줄어들고 많은 양의 엔진 오일이 순환될 수 있도록 해주는 일이다.

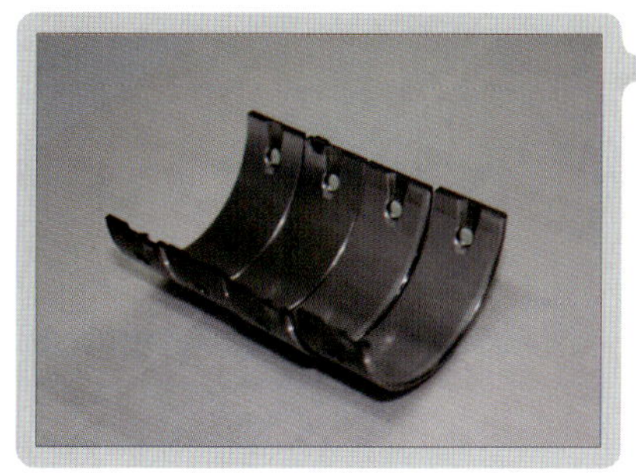
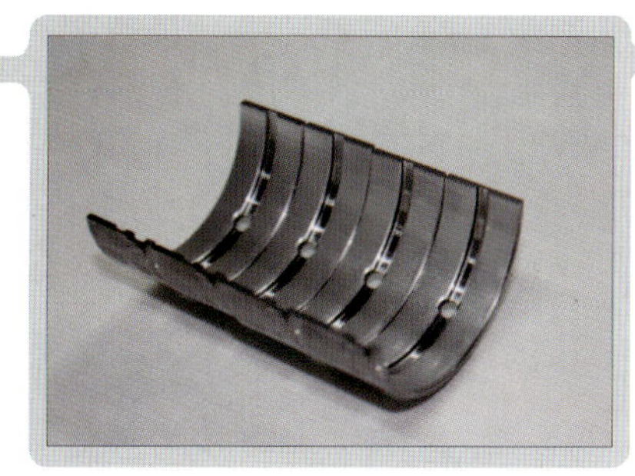

03 튜닝 전 오일 라인이 작은 메탈 베어링**좌**, 튜닝 후 오일 라인이 넓혀진 메탈 베어링**우**

04 엔진의 전체에 마찰이 예상되는 곳은 윤활 작용으로 마찰에 의한 손실을 줄여주는 오일펌프와 성능의 향상을 위해 제작된 기어

고성능의 엔진으로 튜닝하는데 있어서 마찰에 의한 손실은 출력을 얻는 것만큼이나 높아지게 된다. 하지만 고출력을 얻을 수 있는 중요한 부품 중에서 피스톤과 실린더 헤드가 핵심이라고 한다면 고속회전으로 작동하는 과정에서 발생되는 마찰에 의한 손실 에너지를 최대한으로 줄여주기 위한 방법으로 엔진 오일이 그 역할을 하게 된다.

Reference

❶ 피스톤 : 고속회전으로 상하 왕복운동을 하는 과정에서 마찰과 진동에 의한 손실
❷ 커넥팅 로드 : 크랭크축과 연동하여 상하 왕복운동과 불규칙한 좌우 각운동에 의한 마찰
❸ 피스톤 링 : 강한 장력으로 실린더 내벽과의 마찰

05 엔진의 전체에서 가장 복잡하게 얽혀져 있는 피스톤과 커넥팅 로드**컨로드**를 연결해 주는 피스톤 핀과 피스톤 링

(1) 윤활 작용으로 인하여 마찰 손실이 줄어드는 각종 파트들

특히 엔진의 튜닝은 고속회전에서의 성능을 원하고 크랭크축과 캠축, 밸브, 피스톤 등이 연속적으로 매우 빠르게 작동되기 때문에 마찰 손실이 크게 발생하지만 그래도 이 방법을 사용하는 이유는 손실보다는 얻고자하는 이득이 더 크기 때문이다.

오일은 엔진이 작동되는 모든 부분의 틈새에서 윤활 작용을 하여 마찰에 의한 손실을 최대한으로 줄여주어야 한다.

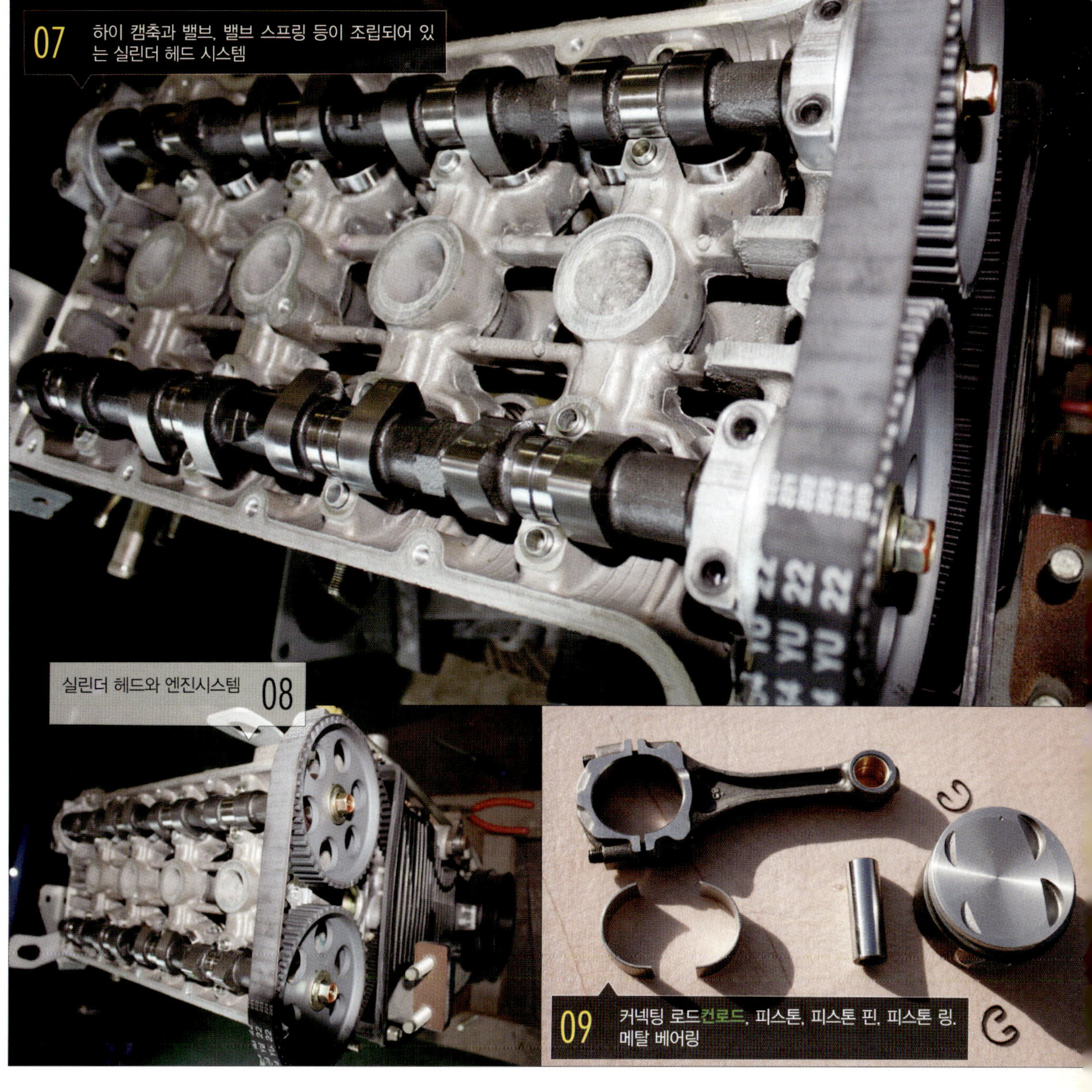

(2) 오일 라인의 튜닝에 있어서 주의할 점

자동차 경주를 크게 두 종류로 분류한다면 온 로드와 오프로드 레이스가 있는데

온로드에 필요한 엔진의 튜닝은 정교하며, 레이스 시간동안 잘 견뎌주면 되지만 이와는 반대로 매우 악조건 속에서 장거리를 달려야하는 랠리용 경주 자동차 엔진의 튜닝은 성능을 겸한 내구성을 더욱더 중요시 하기 때문에 혹독한 상황에서도 엔진이 끝까지 유지될 수 있도록 내구성에 더 무게를 주는 점이 다르다고 할 수 있다.

그래서 오일 라인의 튜닝 방법도 온로드용 엔진의 경우라면 각종 베어링에 흐르는 오일 라인의 폭을 넓혀주거나 크게 하여도 큰 무리 없이 마찰 손실을 줄여주지만 수천 또는 수만 킬로의 장거리를 달려야 하는 랠리용 경주 자동차의 경우라면 상황이 다를 수도 있기 때문에 이점을 충분히 고려되어야 할 것이다.

❶ 엔진 오일의 윤활 작용으로 인해 마찰 손실을 줄여주는 각종 부품들

고성능의 엔진으로 튜닝은 가능한 많은 양의 오일이 베어링은 물론 엔진이 작동되면서 마찰되는 모든 부분에 충분히 공급되어야 하며, 윤활 작용과 마찰에 의한 엔진 열을 동시에 해결하여야 한다.

오래전부터 레이스 카 엔진 등은 오일 팬을 개조하여 좀 더 많은 량의 오일을 주입하고 레이스를 하였는데 이는 각 부품마다의 충분한 오일의 공급으로 인해 마찰에 의한 손실을 줄이고 엔진의 열을 조금이라도 더 냉각시키려 노력한 것이다.

고속으로 회전하는 엔진에는 낮은 온도의 오일이 순환되면 좀 더 유리하며, 오일 량이 적게 되면 오일의 온도가 기복이 심하게 되어 엔진의 성능을 떨어뜨리고 엔진수명에도 영향을 미친다.

알루미늄으로 제작된 개선된 오일 팬은 오일의 온도를 낮추어 줌으로써 각종 부품들이 기능을 발휘할 수 있게 한다. 11
10 냉각 효율이 떨어지는 철판으로 제작된 오일 팬
알루미늄 팬 내부의 칸막이는 자동차가 달릴 때 코너 등에서 오일의 이동을 차단해 주며, 불필요하게 오일 량이 많으면 크랭크 축에 간섭을 주게 되어 좋지 않다. 12
엔진 오일의 냉각 작용이 좋아야 엔진의 성능과 각종 부품의 내구성이 보장된다. 13

02 엔진 오일 쿨러 시스템

엔진의 열을 냉각시키는 방법은 여러 가지가 있지만 엔진이 작동하면서 마찰에 의해 높아지는 엔진 오일을 냉각시키는 방식은 오일 쿨러 시스템이다.

특히 고속 주행이나 험로에서의 저속 주행 중에 높은 회전으로 장시간 운행하면 엔진이 과열되는 상태로 주행하게 된다. 이때 오일 쿨러는 엔진 오일의 열을 냉각시키는 중요한 역할을 담당하게 된다.

오일 쿨러는 엔진이 고속회전에서 가혹할 정도로 회전을 하게 되면 높아지는 엔진 오일의 온도를 라디에이터와 비슷한 방식으로 냉각시켜주는 시스템이다.

지금은 오일 팬이 가벼운 알루미늄 재질로 제작되어 방열 효과를 높여준다고 하지만 엔진이 고속으로 회전하면 마찰과 터보차저 등에서 발생되는 높아지는 열을 오일 팬 하나로 해결하기에는 무리가 있다. 따라서 라디에이터와 비슷한 방식으로 엔진 오일의 뜨거운 열을 냉각시켜서 다시 엔진으로 공급하는 방식을 생각하게 된 것이다.

워터 펌프는 냉각수를 실린더 헤드 등으로 순환시켜 엔진의 열을 냉각시키지만 엔진 오일은 엔진 전체에 핏줄처럼 배치되어 있는 베어링과 부품 사이사이를 뚫고 들어가 윤활 작용을 함으로써 마찰을 줄여주고 뜨거운 엔진의 열을 동시에 냉각시키는 역할을 하고 있다.

이렇게 본다면 오일 쿨러의 튜닝은 중요하며, 고성능의 엔진으로 튜닝을 완성하는데 있어서 높아지는 엔진의 열을 냉각수와 엔진 오일이 해결하지 못하게 된다면 아무리 잘된 엔진의 튜닝이라도 그 엔진의 튜닝은 실패로 이어질 수 있기 때문이다.

(1) 냉각 작용을 하는 파트들

02 첨단 공법으로 제작된 알루미늄 실린더 블록은 냉각수가 실린더 헤드와 맞닿는 부분까지 냉각수가 흐르도록 특수하게 설계 하였다.

03 알루미늄으로 제작된 실린더 헤드에는 냉각수와 엔진 오일이 열을 낮추는데 있어서 가장 중추적 역할을 담당하고 있다.

04 오일 팬은 엔진 오일을 저장만하는 탱크 역할을 벗어나 알루미늄으로 제작된 오일 팬은 엔진과 오일 온도를 냉각시켜 준다.

05 냉각 팬과 오일 쿨러

Engine Tuning
엔진 냉각
10

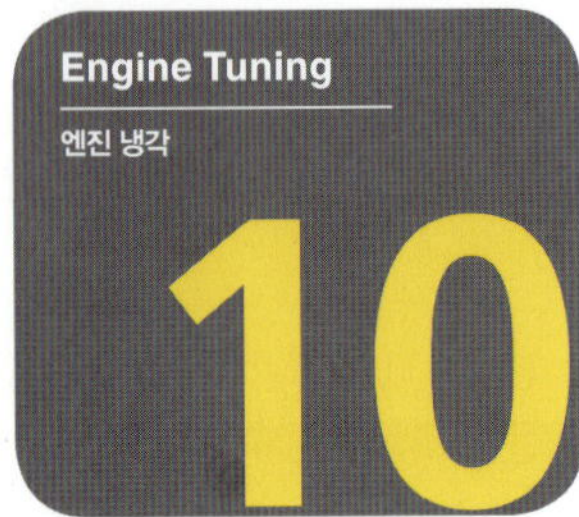

엔진 냉각 Engine Cooling

01 라디에이터 radiator

고성능의 엔진을 완성하는데 있어서 냉각수의 열을 냉각시키는 라디에이터의 역할은 빼놓을 수가 없다.

엔진의 튜닝에 있어서 성능이 향상되면 그 만큼 엔진의 열이 높아지기 때문에 용량에 맞도록 한 단계 더 큰 라디에이터로 교환하지만 보통은 라디에이터를 교환하지 않고 그대로 사용하는 경우가 많다.

그 이유는 그동안 냉각 방식에 대한 꾸준한 연구와 기술의 발달로 인해 온도의 변화를 느끼지

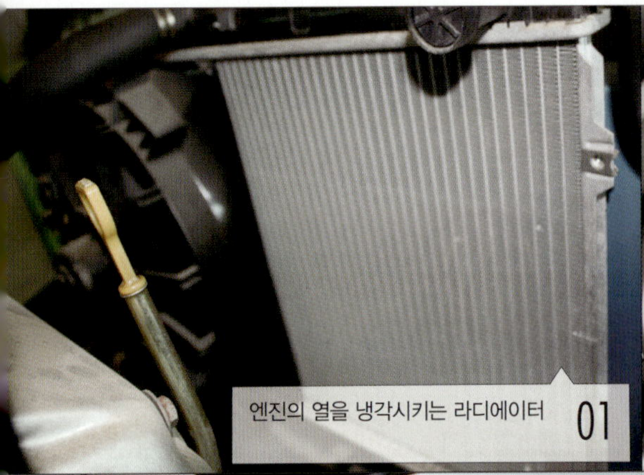

엔진의 열을 냉각시키는 라디에이터 01

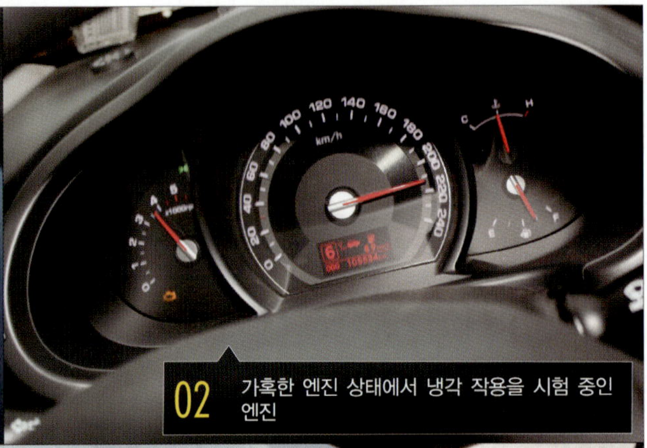

02 가혹한 엔진 상태에서 냉각 작용을 시험 중인 엔진

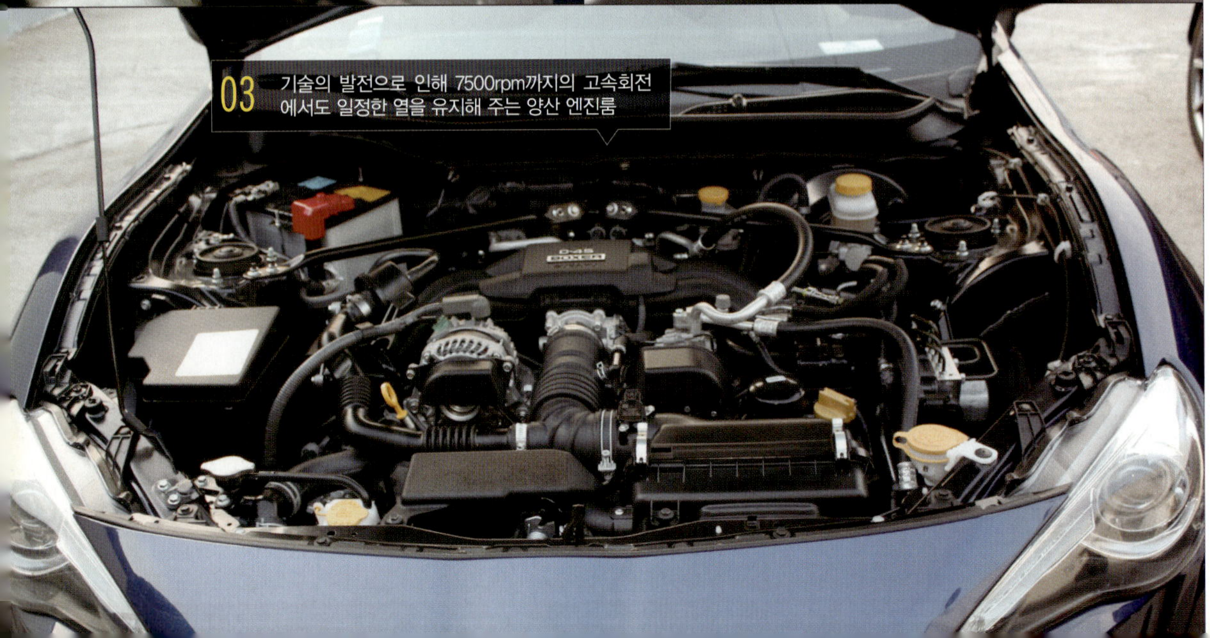

03 기술의 발전으로 인해 7500rpm까지의 고속회전에서도 일정한 열을 유지해 주는 양산 엔진룸

못 할 정도로 엔진에 대한 냉각 기술이 많이 발전하였기 때문이다.

그러나 고성능의 엔진으로 튜닝하는 기본은 엔진이 아무리 가혹한 상태에서 작동되어도 냉각수의 온도를 일정하게 유지시킬 수 있는 냉각 시스템이 대단히 중요하다.

02 라디에이터 팬 *radiator pan*

라디에이터의 냉각수가 뜨거워지면 냉각 팬이 회전하여 열을 냉각시키는 역할을 하지만 냉각 팬은 필요 이상으로 커질 필요는 없다고 본다. 왜냐하면 자동차가 고속으로 달리게 되면 라디에이터로 통하는 바람의 세기가 냉각 팬보다 더 빠를 수도 있기 때문이다.

예를 든다면 서울에서 부산까지의 이동구간에서 시속 100km 속도로 달리게 되면 실제로 냉각 팬은 거의 작동하지 않음을 알 수 있다.

그러나 가혹한 상태에서 레이스를 하는 경주용 자동차의 경우 엔진의 열이 급변하기 때문에 냉각수 온도가 빠르게 올라가는 것을 예방하기 위해서 엔진의 구동과 동시에 냉각 팬도 함께 작동되며, 레이스가 끝날 때까지 냉각수의 온도를 낮추어 주게 된다.

03 워터 펌프 *water pump*

01 실린더 블록에 조립된 워터펌프는 엔진이 작동되면 가장 열이 많이 발생되는 실린더 헤드 부분에 냉각수를 강제적으로 순환시킨다.

02 냉각수를 강제로 순환시키는 워터펌프는 여러 종류가 있으나 주로 사용 목적에 맞추어서 임펠러의 형상이나 크기를 조절하여 워터펌프의 성능을 향상시켜 준다.

03 강제적인 방법으로 냉각수의 순환을 향상시키기 위해 폴리의 회전을 조절하여 워터펌프의 기능을 향상시켜 주는 방법도 있다.

04 서모스탯이 함께 조립되어 있는 워터펌프

워터 펌프는 양산 회사에 따라서 조금은 다르게 제작되고 있으나, 엔진이 회전하면 강제로 냉각수를 순환시키는 방식은 비슷하다. 그러나 워터펌프의 기능이 좋지 않으면 지금까지의 엔진 튜닝이 잘되었다고 해도 엔진의 내부로 흐르는 냉각수가 불규칙하거나 기능이 떨어지게 되면 고열의 원인이 되기 때문에 문제가 아주 심각해진다.

워터펌프 시스템의 튜닝은 주로 폴리의 크기와 임펠러를 개선하는 방식으로 하고 있는데 임펠러는 플라스틱, 알루미늄, 스테인리스, 일반 철판 등의 재질로 제작되고 있으나 녹이 슬고 부식이 될 수 있는 단점이 있으며, 플라스틱으로 제작된 임펠러는 가벼우나 내구성이 약한 단점이 있기 때문에 주로 스테인리스로 제작된 임펠러를 사용하고 있다.

04   서모스탯 *thermostat*

서모스탯은 엔진에서 요구되는 냉각수의 온도를 일정하게 유지시키는 밸브 장치이다. 서모스탯이 불량하게 되면 엔진의 냉각수 온도를 일정하게 유지할 수 없게 되어 연료의 소모가 많게 되고 엔진의 성능은 크게 떨어지게 된다.

간단한 부품 같지만 튜닝 엔진에 있어서 서모스탯의 선택은 계절에 따라 외부의 온도를 참고하여야 하며 몇 ℃에서 밸브가 작동할 것인가를 사용 목적에 따라 잘 선택하여야 한다.

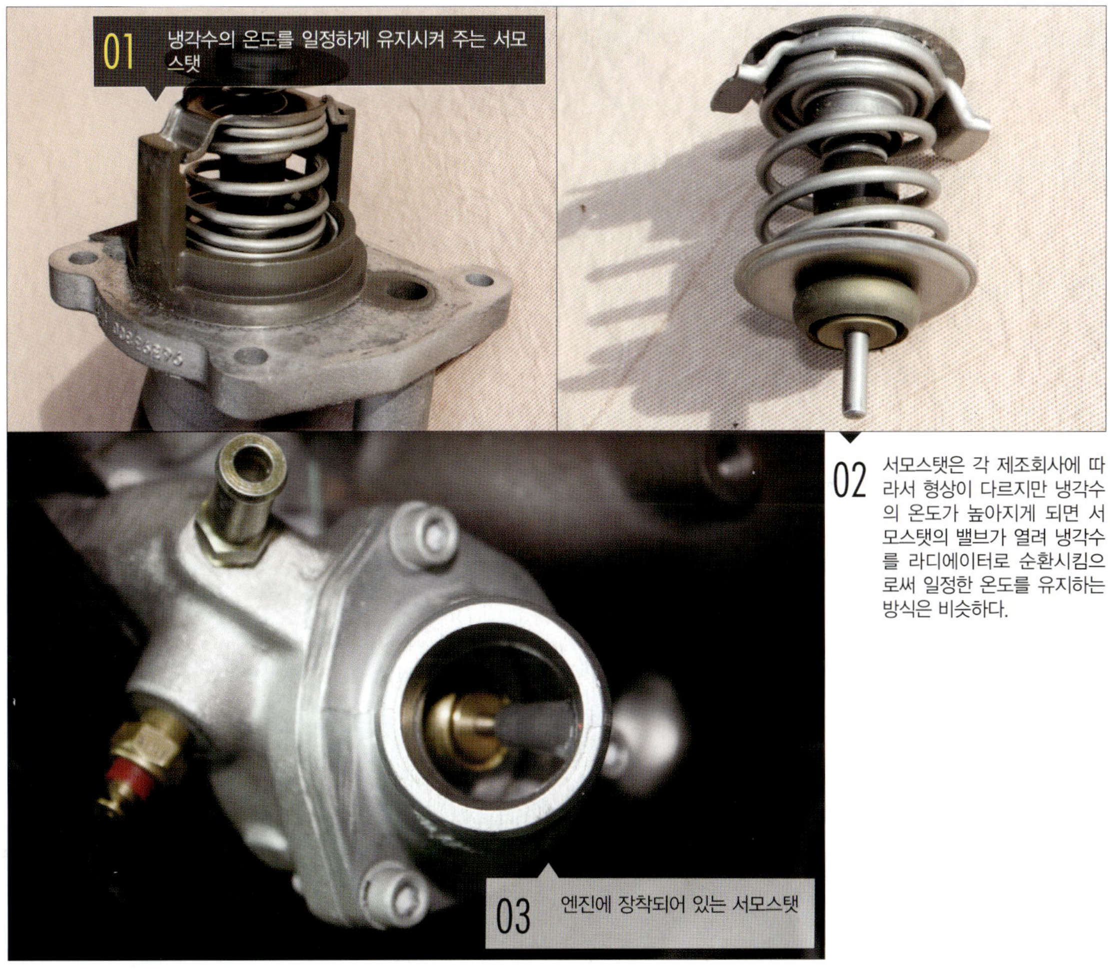

연료 계통 *Fuel system*

01　옥탄가와 연료량의 설정

고성능의 엔진으로 튜닝이 완성되었을 때 마지막으로 연료가 필요하게 되는데 일반 엔진과의 차별화를 둔다면 가솔린의 옥탄가에 따라서 엔진의 출력에 상당한 차이가 있다.

그렇기 때문에 기본적으로 레이스 카의 경우 고옥탄가의 가솔린을 사용하여 최대한 엔진의 출력을 높이려고 노력하게 되는데 이럴 경우 강력한 고압의 연료 펌프를 사용하여 순간적으로 인젝터 *injector*에서 분사되는 연료 분사량의 보정 기능을 향상시켜 주어야 좀 더 높은 출력을 기대할 수 있다.

그리고 가솔린의 옥탄가가 높으면 연소실 안에 연료를 좀 더 과다하게 공급하여도 고속회전으로 작동되는 엔진에는 그리 큰 문제는 없다고 할 수 있으나 더욱 정확한 것은 다이나모 머신의 데이터와 실제 주행 테스트 등에서 참고가 된다면 더욱 정확하다고 할 수 있다. 연소실 안에서 발생되는 것은 압축에 의한 폭발이 전부는 아니다.

연소실에서 폭발한 후에 이루어지는 매우 높은 고열은 다시 흡입되는 공기와 연료가 연소실의 높은 온도를 냉각시키는 역할을 함께 하지만 폭발한 후에 높아지는 온도의 속도가 더 빠르기 때문에 냉각 시스템을 이용하여 엔진의 열을 냉각시킨다.

> **Reference**
>
> 경주용 자동차의 경우 레이스 도중에 스로틀 밸브가 완전히 닫히게 되면 진공상태에서의 연소실 안의 온도가 매우 높아지게 된다. 이때 고열에 의해서 피스톤이 녹아내리는 것을 방지하기 위한 수단으로 차가운 연료가 피스톤 헤드의 열을 냉각시킴으로써 보호를 받게 된다. 경주용 자동차가 레이스 중에 머플러에서 불꽃이 나오는 이유는 그 때문이며, 한마디로 엔진의 보호 장치인 것이다.

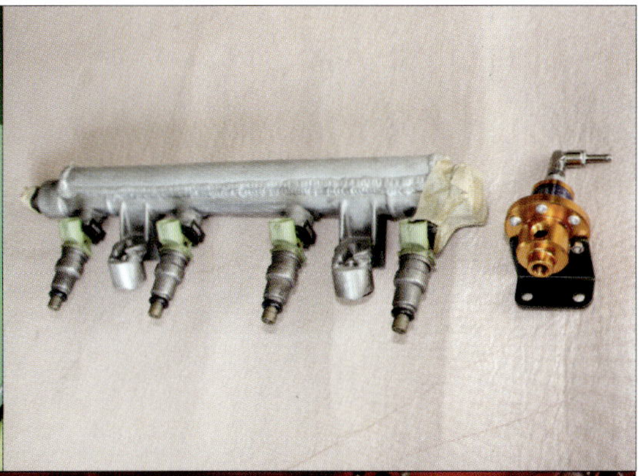

01 자동차의 성능에 알맞은 연료 펌프를 사용하여야 한다.

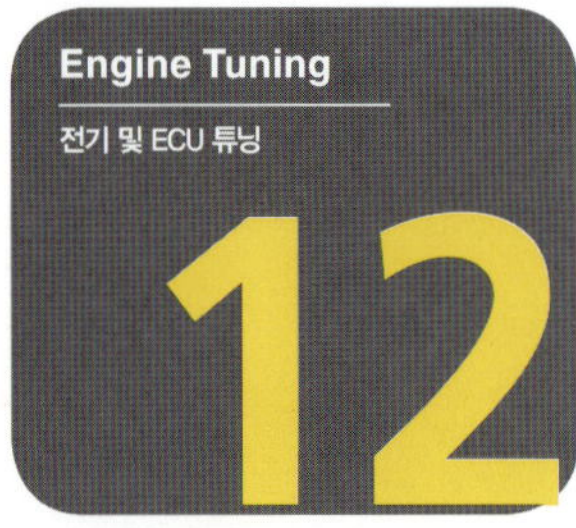

Engine Tuning

전기 및 ECU 튜닝

12

전기 및 ECU 튜닝

Electric and electronic control unit

01 점화계통의 튜닝

점화계통은 연소실 안에서 불꽃*spark*을 일으키는 점화 플러그*spark plug*의 역할을 뜻하며, 점화 코일*ignition coil*과 고압 케이블*high tension cord*이 연결되어 연소실 안에서 중심 전극과 접지 전극 사이에 강한 불꽃을 일으켜 혼합기를 점화 폭발시키는 장치이다.

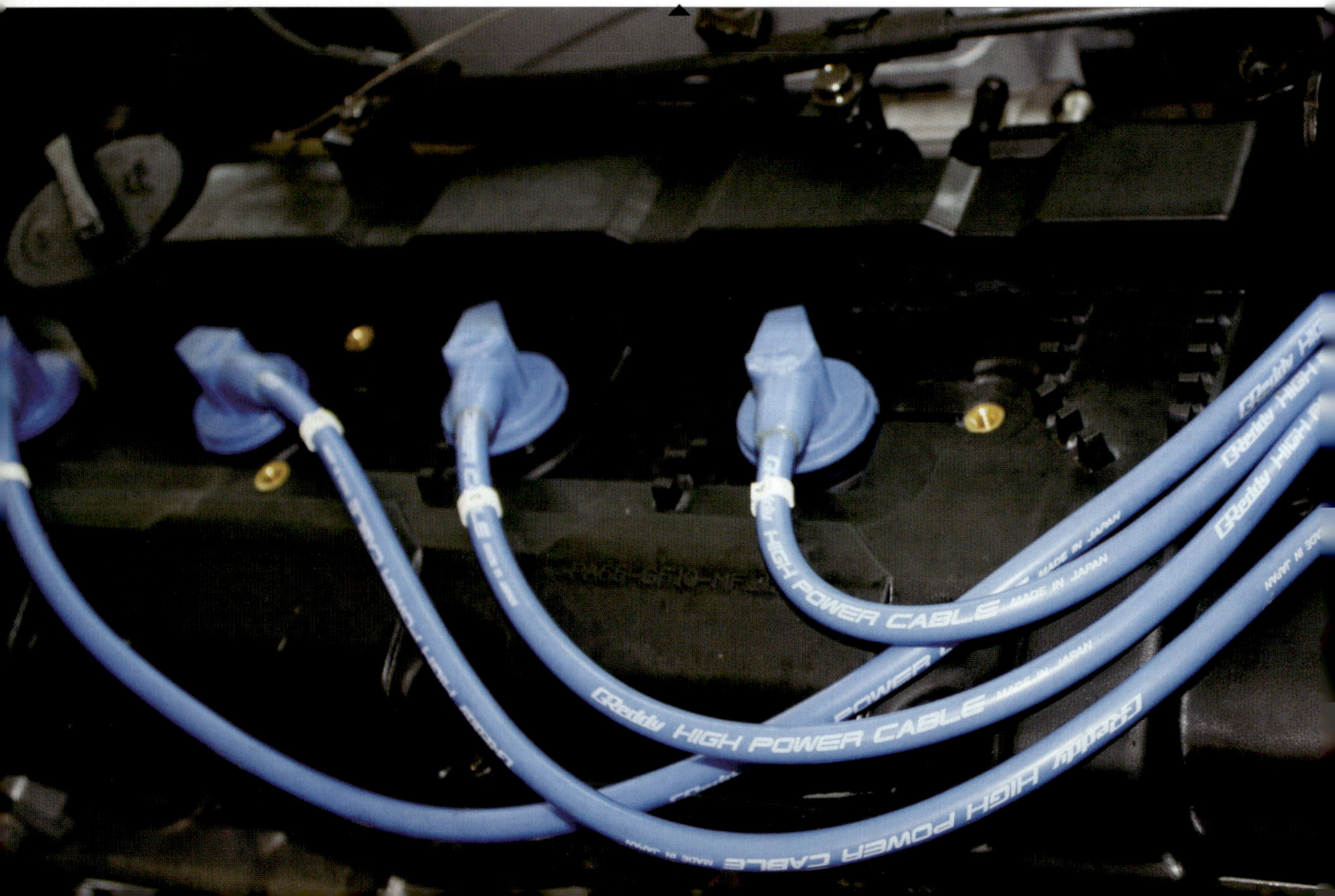

01 점화 플러그

02   점화 플러그의 종류

엔진이 여러 종류로 분류되는 것과 마찬가지로 점화 플러그도 엔진의 성격에 잘 맞도록 선택하여야 하는데 엔진을 결정적으로 작동되도록 하는 점화 플러그의 종류를 크게 나눈다면 일반용과 터보용으로 구분할 수가 있다.

성능이 좋은 점화 플러그를 선정하기 위해서는 연소실 내에서 담당해야 하는 좋은 압축과 연소 효율을 높여줄 수 있는 혼합비율에 잘 맞춰야 한다.

보통 열가가 낮은 열형의 점화 플러그는 불꽃에 의한 착화성은 좋지만 연료 등으로 인해 간혹 노킹을 일으킬 수 있으며, 냉형의 점화 플러그는 고온에서는 좋지만 반대로 저온에서는 착화성이 떨어지기 때문에 실화^{엔진이 회전하면서 점화(스파크)가 이루어지지 않는 현상} 횟수기 많아지는 장단점이 있다.

위 사진처럼 연소실 내에 검은 카본이 많으면 정상적이라고 볼 수가 없으며, 반대로 점화 플러그 상태가 희거나 무지갯빛 정도의 색상은 전반적으로 점화상태가 양호한 것이다.

Reference

그동안 기술의 발전으로 인하여 엔진의 모든 부분이 많은 연구와 노력으로 미흡한 곳이 없을 정도로 각종 시스템의 정밀도와 내구성은 더욱 좋아졌고 과거에 비한다면 점화 플러그에 대한 기대가 조금 줄어든 것은 사실이다. 그것은 엔진 공학의 많은 발전으로 인해 미세한 불꽃만으로도 충분한 연소가 가능해졌기 때문이다.

03 ECU 튜닝

우리는 흔히 ECU의 튜닝은 간단하게 생각하는 경우가 많다. 양산 엔진에 ECU의 데이터만 바뀌면 기대 이상으로 엔진의 성능이 크게 향상될 수가 있다고 생각하지만 사실은 그렇지 않다.

기존 엔진에서 단순히 ECU의 데이터만 바꾼다고 해서 고출력으로 향상이 될 수 없으며, 그 결과는 아주 미미하다고 할 수 있다.

그 이유는 일반 양산 회사에서는 조금이라도 경제적인 엔진을 생산하기 위해서 꾸준히 연구하고 있으며, 어떻게 하면 안전하면서도 성능이 좋은 엔진을 만들 수 있을까에 대한 부단한 노력이 있기 때문이다.

다른 부분에서의 성능 향상을 위한 노력이 이루어지지 않고 단순하게 ECU의 데이터만 바꾸어 튜닝이 잘못된다면 결국은 엔진을 크게 손상시킬 수 있기 때문에 신중히 하여야 한다.

ECU의 튜닝은 주로 rpm, 연료 분사량, 점화시기*ignition timing*, 터보 부스터 압력 등의 각종 데이터를 조율하지만 중요한 것은 기존의 기계공학을 이해하지 못하고 각종 데이터를 자신의 생각대로 바꾸게 된다면 엔진에 큰 손상이 발생할 수가 있다.

엔진의 튜닝이 완성되었을 때 ECU의 튜닝은 그 엔진이 최고의 성능을 발휘할 수 있도록 주변에서 도와주는 일종의 조미료와 같은 것이라 할 수 있겠다.

앞에서도 말했지만 특히 ECU의 튜닝을 할 때에는 다이나모 테스트 머신의 데이터가 중요시되며, 이것은 실제 주행 테스트를 통하여 원하는 목표를 이루어내는 것이다.

01 여러 가지 형태로 양산되고 있는 일반 엔진에는 출고 당시의 프로그램 즉, ECU*Electric and electronic control unit*의 데이터가 참고 되어야 한다.

02 ECU의 튜닝은 엔진의 튜닝이 완성 되었을 때 사용 목적에 맞는 프로그램을 정확하게 입력시켜 주어야 한다.

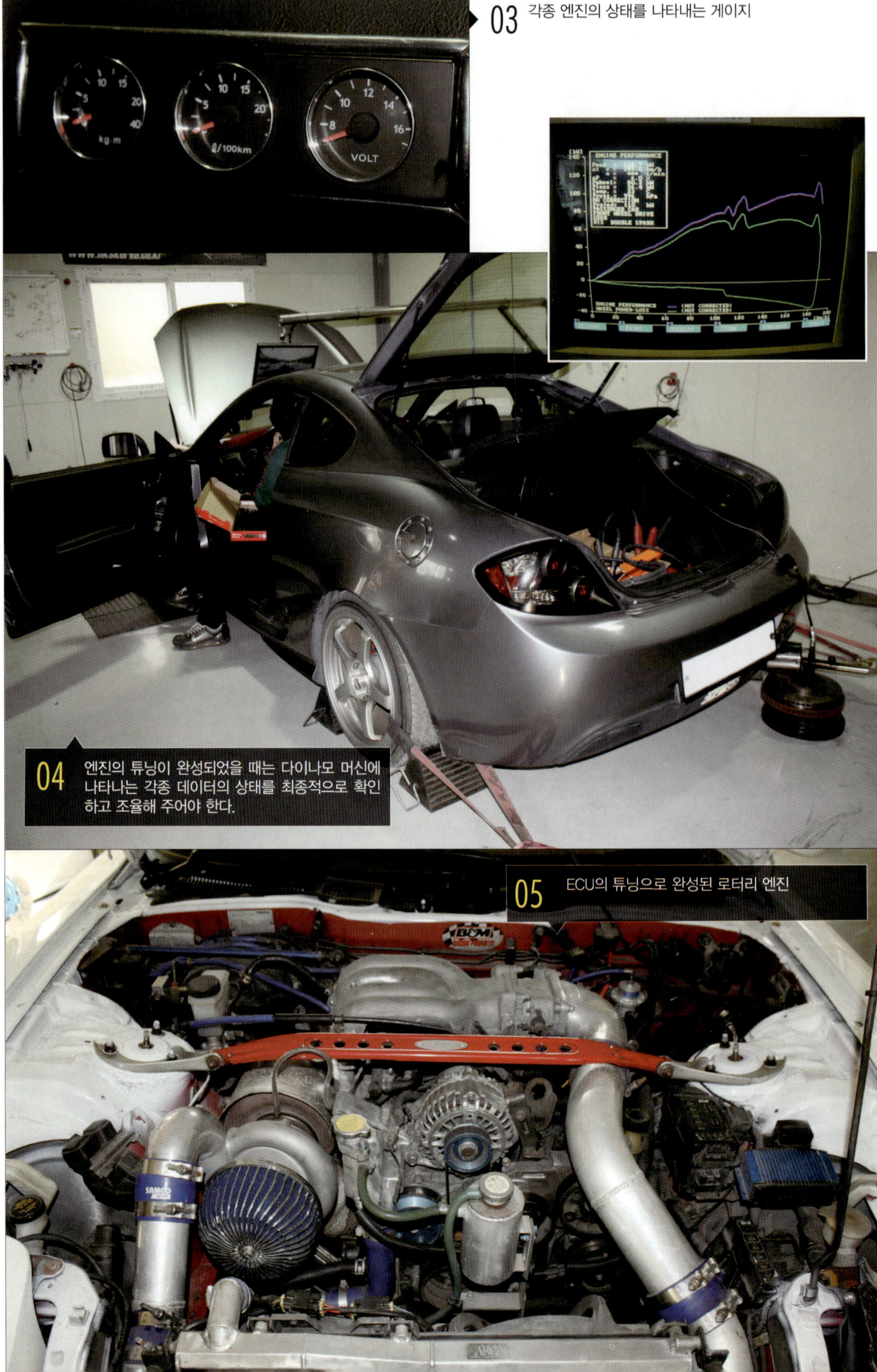

03 각종 엔진의 상태를 나타내는 게이지

04 엔진의 튜닝이 완성되었을 때는 다이나모 머신에 나타나는 각종 데이터의 상태를 최종적으로 확인하고 조율해 주어야 한다.

05 ECU의 튜닝으로 완성된 로터리 엔진

▶ 06 튜닝이 완성된 자동차를 섀시 다이나모 머신에서 각종 데이터가 참고 되어야 한다.

사진으로 보는
튜닝 파트의 이모저모

01 터보차저 장착의 약 300ps의 2000cc 국산 엔진

02 터보차저 엔진에 필요한 공랭식 인터 쿨러

03 고성능의 엔진 튜닝에 요구되는 흡기 매니폴드

04 NA 엔진 튜닝과 드레스 업 튜닝

05 흡 · 배기 밸브의 튜닝 전과 튜닝 후

06 터보차저의 성능 향상을 위한 배기 매니폴드

07 터보차저 엔진에 필요한 블로오프 밸브

08 수작업으로 제작된 인터 쿨러

09 대용량의 인젝터

10 가혹한 상태에서 작동되는 터빈은 성능의 향상에 중심

11 캠 각을 조절하는 캠 기어

12 대용량 촉매 컨버터

07 08

09 10

11

12

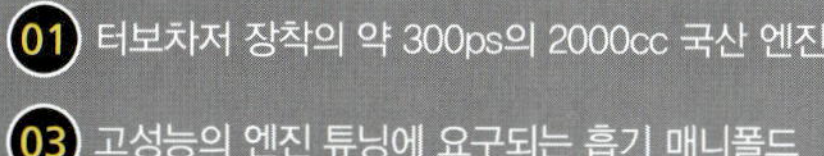

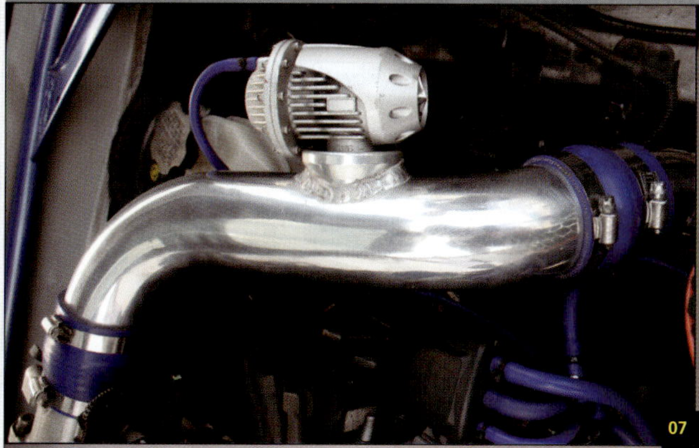

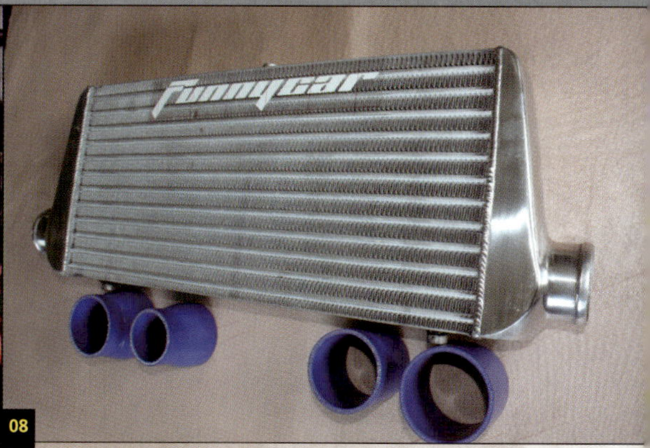

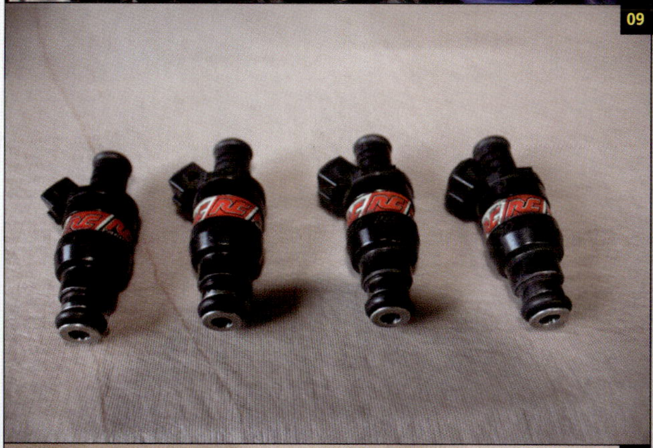

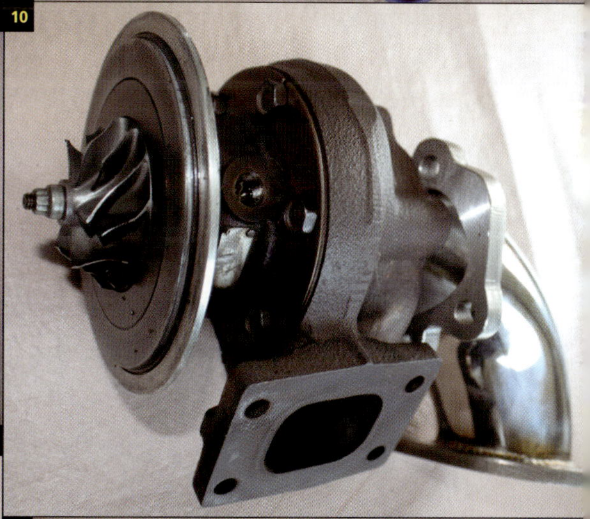

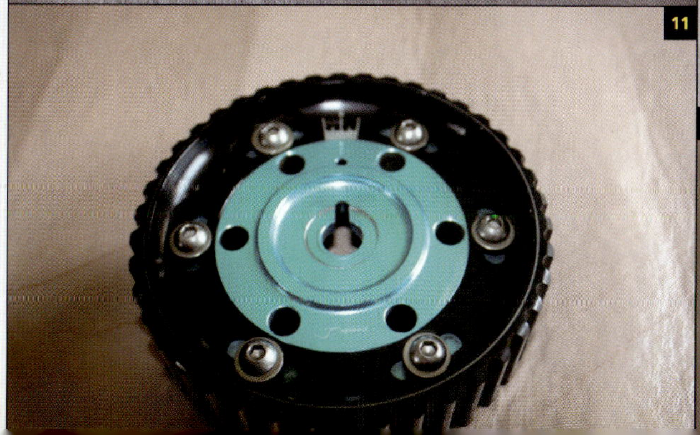

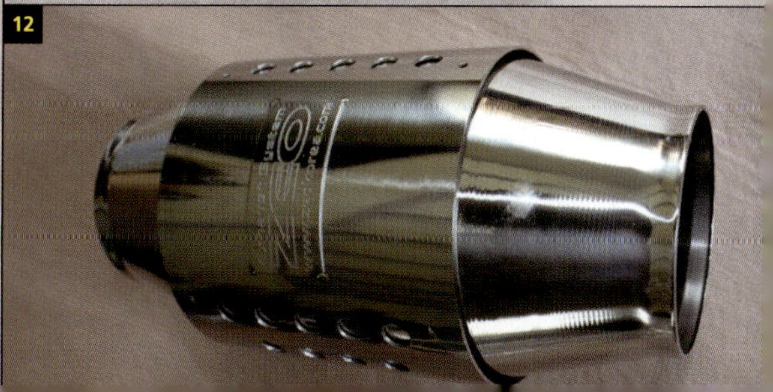

13 인젝터의 성능 향상을 위한 레귤레이터

14 냉각 효과와 압축 공기의 이동을 가속화시켜 주는 흡기 파이프

15 엔진의 상태를 알아내는 섀시 다이나모 머신

16 각종 스페셜 파트로 튜닝이 완성된 엔진룸

17 드래그 레이스 전용으로 튜닝이 완성된 오픈형 터보차저

18 무리한 압축, 짧은 스커드, 실린더 내면과의 마찰로 손상된 피스톤

19 피스톤과 피스톤 링의 마찰에 의한 손실 에너지를 줄여주기 위해 호닝이 잘되어 있는 실린더 블록

20 배터리 전기로 작동되는 전동기식 슈퍼차저 시스템

21 배기음을 흡수하는 방식으로 제작된 머플러

22 NA 엔진의 배기 매니폴드

23 사용 목적에 따라 캠 각이 정해지는 캠축

24 흡·배기 효율을 높여주기 위한 단조 피스톤과 튜닝된 밸브

24 가장 요동이 심하고 밸런스가 까다로운 커넥팅 로드와 피스톤

25 1회 충격을 가한 일반 피스톤과 두 배의 힘으로 10회 충격을 가한 단조 피스톤

27 28
29 30

튜닝박사 엔진편

2013년 3월 16일 초 판 발 행
2015년 3월 10일 제1판2쇄 발행

저　　　자 : 오 영 만
자문위원 : 이진구, 이봉우, 김용문, 하재기, 이상열, 박진형, 박준호, 김광진, 김광희, 김태현
발 행 인 : 김 길 현
발 행 처 : 도서출판 골든벨
등　　　록 : 제3-132호(87.12.11)
　　　　　　ⓒ 2013 Golden Bell
ISBN : 978-89-97571-80-2

이 책을 만든 사람들
기 술 교 정 : 이상호　　　　　　　촬 영 협 찬 : 김천과학대학교, FUNNY CAR, BU
본문디자인 : 최동규　　　　　　　커버디자인 : 최동규
제 작 진 행 : 최병석
오프라인 마케팅 : 우병춘, 강승구　　　온라인 마케팅 : 안재명
공 급 관 리 : 오민석, 김경아, 남윤정

● 주소 : 140-100　서울특별시 용산구 백범로 90 라길 14(문배동 40-21)
● TEL : (02)713-4135　　　● FAX : (02)718-5510
● E-mail : 7134135@naver.com　● http://www.gbbook.co.kr
※ 파본은 구입하신 서점에서 교환해 드립니다.

정가 20,000원